# 新疆油田稠油开发采出水处理技术

滕卫卫　张　锋　樊玉新　王乙福　马　尧　等著

石油工业出版社

## 内 容 提 要

本书在调研分析国内外稠油开发采出水处理技术和工艺基础上，详细阐释了新疆油田稠油开发采出水净化软化处理技术、深度处理技术，以及高含盐水达标外排技术，并对红浅、六九区、风城油田稠油开发采出水应用情况进行了介绍。

本书可供从事油田采出水处理的技术人员、科研人员、管理人员参考使用，也可供高等院校相关专业师生阅读。

**图书在版编目（CIP）数据**

新疆油田稠油开发采出水处理技术／滕卫卫等著. —
北京：石油工业出版社，2022.10
　　ISBN 978-7-5183-5569-3

　　Ⅰ.①新…　Ⅱ.①滕…　Ⅲ.①稠油开采-水处理-新
疆　Ⅳ.①TE345

　　中国版本图书馆 CIP 数据核字（2022）第 162520 号

出版发行：石油工业出版社
　　　　　（北京安定门外安华里 2 区 1 号楼　100011）
　　网　　址：www.petropub.com
　　编辑部：（010）64523687　图书营销中心：（010）64523633
经　　销：全国新华书店
印　　刷：北京中石油彩色印刷有限责任公司

2022 年 10 月第 1 版　2022 年 10 月第 1 次印刷
787×1092 毫米　开本：1/16　印张：8.5
字数：200 千字

定价：45.00 元

# 《新疆油田稠油开发采出水处理技术》
# 编　写　组

组　长：滕卫卫　张　锋

副组长：樊玉新　王乙福　马　尧　李家学

成　员：袁　亮　李晓艳　朱新建　王柳斌

　　　　胡远远　陈　贤　孙　森　熊小琴

　　　　鲁文君　张文辉

准噶尔盆地位于新疆维吾尔自治区北部，是新疆境内三大盆地之一。它的四周为褶皱山系所环绕，西北为博罗科努山，东北为阿尔泰山，南面为博格达山，呈现出一个三角形封闭式的内陆盆地。准噶尔盆地面积为 $13\times10^4km^2$，沉积岩最大厚度为 4000m，是一个油气资源十分丰富的含油气盆地。目前已发现的克拉玛依、石西、陆梁、彩南、风城等多个油气田，累计探明石油地质储量为 $17.97\times10^8t$，天然气地质储量为 $714.57\times10^8m^3$，是我国西北地区重要的油气区之一。

新疆油田稠油资源主要分布在西北缘油区的风城油田、百口泉油田、红山嘴油田和克拉玛依油田六九区。新疆油田稠油的黏度、酸值、胶质含量高，凝点、含蜡量、含硫量与沥青质含量低，其开发方式主要包括蒸汽吞吐、蒸汽驱、蒸汽辅助重力泄油（SAGD）与火烧油层等。目前新疆油田稠油年产量达到 $420\times10^4t$，已成为我国大型稠油生产基地之一。

稠油开发会形成大量的采出水，目前稠油开发采出水（以下简称稠油采出水）处理后主要用于热采锅炉给水，高含盐废水通过处理后外排。稠油采出水中水质成分复杂、硬度高、悬浮物及硅含量高，将其直接回用会对锅炉造成结垢、积盐、腐蚀的危害，甚至发生爆管事故，影响生产运行，因此，稠油采出水的处理是回用的关键。

本书在调研分析国内外稠油采出水处理技术和工艺基础上，详细介绍了新疆油田稠油采出水离子调整旋流反应、气浮净化、除硅净化、过滤软化处理、高温反渗透膜除盐、蒸发除盐，以及生物接触氧化、混凝沉降、臭氧氧化等处理技术。

本书不仅对新疆油田稠油采出水处理设计与实践具有重要意义，而且对我国类似稠油采出水处理设计与运行管理具有一定的借鉴作用。

本书由中国石油新疆油田公司工程技术研究院和中国石油大学（北京）克拉玛依校区共同编写完成。其中第一章由滕卫卫、张锋、樊玉新、袁亮、李家学、熊小琴编写，第二章由滕卫卫、张锋、樊玉新、马尧、李晓艳、鲁文君编写，第三章由张锋、樊玉新、王柳斌、鲁文君编写，第四章由王乙福、孙森、朱新建、张文辉编写，第五章由樊玉新、马尧、李晓艳、张文辉编写，第六章由马尧、李晓艳、陈贤、胡远远、李家学、熊小琴编写。全书由马尧、李家学统稿。

鉴于笔者水平有限，书中内容难免存在偏差和疏漏，望读者批评指正。

笔　者

2022 年 10 月

CONTENTS

# 1 概　　述

我国稠油资源分布广泛、储量丰富，陆上稠油、沥青资源约占石油总资源的 20%。新疆油田准噶尔盆地稠油资源丰富，截至 2021 年底已探明的稠油油藏储量高达 $5.9×10^8t$，主要分布在西北缘红山嘴至夏子街 150km 范围内，勘探开发成熟区块为红浅、六九区、风城油田等。

新疆油田稠油油藏属于陆相沉积，油层多为薄互层，具有埋藏浅、分布广、构造简单、非均质性强的特点，其溶解气量少，天然驱动能量低，埋藏深度一般在 300~1000m 之间。油藏储层岩性多为砂岩与砂砾岩，胶结类型主要是孔隙型，胶结程度中等，油层厚度在 5~35m 之间，油层孔隙度平均为 30% 左右。

环烷基稠油被誉为石油中的"稀土"，新疆油田的稠油环烷烃含量高达 69.7%，是最优质的环烷基稠油，它是炼制航空煤油、低凝柴油、超低温冷冻机油、特种沥青、高端橡胶油等特种油品不可或缺的稀缺优质原料，在重要工业领域、国家重大战略工程、国防事业、航天航空工程中具有不可替代的独特价值。目前新疆油田年产环烷基稠油 $400×10^4t$ 以上，累计产量超 $1×10^8t$，建成了我国最大的优质环烷基稠油生产基地。

## 1.1　新疆油田稠油开发历程

稠油在油层中的黏度高，流动阻力大，因而用常规技术难以经济高效开发。稠油黏度对温度非常敏感，随温度上升，稠油黏度会急剧下降。目前最常用的稠油开发方式是注蒸汽热力采油，主要包括蒸汽吞吐、蒸汽驱和蒸汽辅助重力泄油（SAGD）。

新疆油田是我国最早开发稠油的地区之一。20 世纪五六十年代，发现了风城油田超稠油油藏，并开始其开发试验。当时由于受技术水平限制，一直无法规模开发。20 世纪 60 年代，开展了稠油火烧油层的矿场试验。从 20 世纪 80 年代起，新疆油田公司开始全面开发稠油，1984 年注蒸汽吞吐采稠油试验取得成功，经过 30~40 年的不懈努力，不断攻克技术难关，形成了成熟的浅层稠油开发配套工艺技术，相继开发动用九区、六区、红浅、四 2 区、风城等稠油区块，主力稠油区块主要采用蒸汽吞吐、蒸汽驱、SAGD 和火驱等 4 种开采方式。新疆油田稠油开采经历了 5 个阶段。

（1）1984—1985 年，蒸汽吞吐实验攻关阶段。

（2）1986—1990 年，普通稠油蒸汽驱工艺技术攻关阶段。

（3）1991—1995 年，水平井开采工艺技术攻关阶段。

（4）1996—2007 年，完善、提高汽驱及水平井开采工艺技术阶段。

（5）2008 年以后，SAGD、火驱开采技术攻关与完善阶段。

新疆油田稠油开发始于 1984 年，2007 年年产油量达到 $412×10^4$t，2009 年受金融危机的影响，年产油降至 $345.8×10^4$t，2010 年和 2011 年通过逐步扩大产能规模，年产量持续提升，2014 年年产油量达到最高为 $525×10^4$t，近年来受油价影响，年产油量维持在 $400×10^4$t 以上，如图 1.1.1 所示。

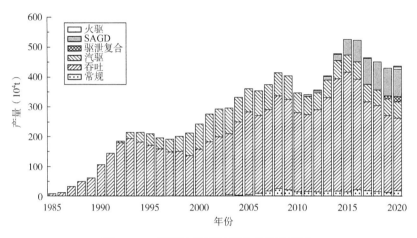

图 1.1.1　新疆油田历年稠油产量规模图

新疆油田的稠油、超稠油开采成套技术已成功应用到国内的春风、吉林等油田，以及哈萨克斯坦、委内瑞拉、苏丹等国家。近几年，新疆油田公司在委内瑞拉 MPE-3 稠油项目、胡宁 4 稠油项目，哈萨克斯坦的库姆萨依稠油油藏、莫尔图克稠油油藏等，开展了对外技术合作。其中，与阿克纠宾开展肯基亚克盐上、KMK 项目技术合作，推动了该地区 $1.95×10^8$t 稠油资源的有效动用，有力支撑了阿克纠宾连续 8 年油气当量超 $1000×10^4$t。

（1）红浅。

红浅位于克拉玛依市辖区范围内，距离克拉玛依市西南约 20km。红浅地区构造上位于准噶尔盆地西北缘红车断裂带北部，是一个被众多断裂切割的复杂断块群，已发现的油藏多为断块油藏，含油层位为三叠系—侏罗系。

红浅地区以蒸汽吞吐为主要开发方式，累计生产稠油 $308.22×10^4$t，建成年产稠油 $80×10^4$t 生产能力，如图 1.1.2 所示。2009 年在红浅 1 井区开展了注蒸汽开发废弃油藏转火驱接替开发先导试验，取得成功，2017 年在该区域进行注蒸汽开发油藏转火驱接替工业化开发试验，逐渐从面积火驱发展为线性火驱，取得良好的生产效果。

（2）六九区。

六九区浅层稠油油藏位于准噶尔盆地西北缘，距离克拉玛依市区 40km，东西长约 20km，南北宽约 5km，构造上位于克—乌大逆掩断裂上盘的超覆尖灭带上，油藏埋藏深度为 160~600m，是在地史演化过程中，区域内早期形成的同源油藏遭到破坏，油气发生多次运移至克—乌断裂带上盘地层超覆尖灭带，经地层水洗氧化和生物降解作用而形成的边缘氧化型稠油油藏。

新疆油田六九区稠油油藏自 1984 年九区投入开发以来，先后投入开发了九$_1$、九$_2$、九$_3$、九$_4$、九$_5$、九$_6$、九$_{7+8}$、九$_9$、六$_1$、六东等 10 个区块。自 1986 年以来，已累计生产稠油 3670.7×10$^4$t，已建成年产稠油 98×10$^4$t 生产能力，如图 1.1.3 所示。

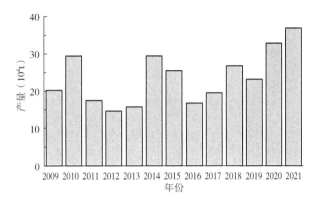

图 1.1.2　红浅稠油年生产量

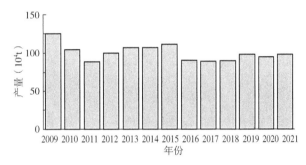

图 1.1.3　六九区稠油年生产量

（3）风城油田。

风城油田位于准噶尔盆地西北缘，距克拉玛依市区东约 130km，西邻乌尔禾区，东接夏子街油田，油田开发层系主要为齐古组和八道湾组，风城超稠油油藏为陆相沉积环境下辫状河流相沉积，与国外油藏对比，油藏非均质性更强、泥质含量更高、渗透率更低、原油黏度更高、油层更薄，开发难度更大。风城稠油属于超稠油范畴，具有高黏度、高密度、低蜡、低酸值、胶质及沥青质含量高、黏温敏感的特点。

风城油田开发始于 20 世纪 50 年代，1983 年首次在风城重 1 井和重 32 井开展超稠油热采中间性试验，对风城超稠油开采有了初步认识，1989 年、1991 年前后又两次开展单井吞吐试验。直至 1995 年，采用竖直井与水平井组合间歇汽驱，生产才有所突破。2008 年，经过进一步发展，SAGD 获得成功，并逐步推广应用。从 2011 年起实施《新疆风城油田侏罗系超稠油油藏全生命周期开发规划方案》，主要采用 SAGD 开发。自 2007 年到目前风城油田累计生产稠油 2094.5×10$^4$t，已建成年稠油产量 200×10$^4$t 规模，是全国最大的整装超稠油油田，如图 1.1.4 所示。

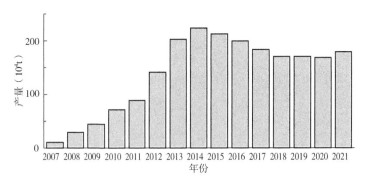

图 1.1.4　风城油田稠油年产量

# 1.2　新疆油田稠油开采技术

现常用的稠油开采方式主要有蒸汽吞吐、蒸汽驱、蒸汽辅助重力泄油、火驱、二氧化碳驱、化学驱等，新疆油田根据油藏特点，普通稠油及特稠油油藏主要采用蒸汽吞吐和蒸汽驱开发，部分开发中后期油藏采用火驱技术接替开发；超稠油油藏主体采用双水平井蒸汽辅助重力泄油技术开发。

## 1.2.1　蒸汽吞吐稠油开采技术

蒸汽吞吐技术是当前国内开采稠油的主要技术。蒸汽吞吐是向油井中注入一定量的蒸汽，关井一段时间后，让蒸汽的热能向油层中扩散，然后再开井生产，并反复进行。即依据特定周期向油井口注入定量蒸汽后"焖井"，随后开井产油。注汽时，地层可以划分为蒸汽带、热水带、冷水带三个带，在热对流机理下将蒸汽的热焓向油层传递，而油层的部分热量传递给顶底盖层。在热量传递过程中，随着温度的升高，原油黏度以及油水界面张力、岩石孔隙体积会下降。同时伴随着高温高速蒸汽冲刷过程，近井储层钻井液污染会减小甚至解除，促使油的产出量提升。蒸汽吞吐适用于各种稠油油藏，但原油黏度越高，其开发效果越差。

蒸汽吞吐开发稠油已经有 30 多年的开发历史，在此期间 80% 的稠油都是通过吞吐开采采出。目前，蒸汽吞吐依旧是国内稠油开发的主要技术。国内已经将蒸汽吞吐与二氧化碳、氮气、烟道气、空气结合，形成气体辅助蒸汽吞吐技术，有效地降低了蒸汽用量和成本，并能有效改善油层动用不均的问题，将蒸汽吞吐采收率提升了 10%~15%，取得了良好的开发效果。

## 1.2.2　蒸汽驱稠油开采技术

蒸汽驱与蒸汽吞吐原理类似，都是通过将蒸汽注入地层，不同的是蒸汽驱是一口井注入、另一口井生产的方法实现稠油开采，其原理如图 1.2.1 所示。辽河油田齐 40 是中国首个中深层稠油蒸汽驱开发的油藏。齐 40 区块从 2006 年扩大转驱以来，总共转驱了 150

个井组。至 2015 年，齐 40 蒸汽驱的采出程度为 30.3%，有效地提高了中深层稠油的采出程度。

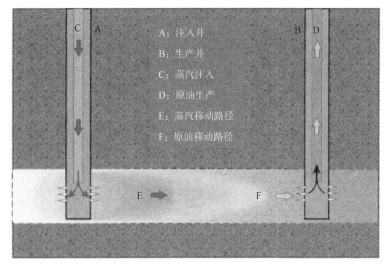

A：注入井
B：生产井
C：蒸汽注入
D：原油生产
E：蒸汽移动路径
F：原油移动路径

图 1.2.1 蒸汽驱的工作流程

六九区浅层稠油油藏是新疆油田最早投入注蒸汽开发的油田。1991 年六九区在吞吐开发采收率达到 16.8% 的基础上，在全国率先大面积转入蒸汽驱开发，形成了大规模工业化蒸汽驱局面。在蒸汽驱开发初期，由于受蒸汽驱认识程度和工艺技术条件的限制，蒸汽驱生产效果不理想，至 1995 年末，汽驱油汽比只有 0.11，采油速度为 1.2%。为全面改善蒸汽驱开发效果，进一步提高油田的采收率，指导整个新疆稠油开采，开展了六九区浅层稠油油藏蒸汽驱开采技术研究。通过各项攻关研究，六九区稠油老区采收率提高到了24.4%，增加采收率 7 个百分点，增加可采储量 956.6×10⁴t，蒸汽驱层块合计增产油量488.97×10⁴t，减少蒸汽消耗 269.36×10⁴t。形成了一套较为完善的蒸汽驱开发研究方法及开采技术，为进一步提高稠油油藏的最终采收率及资源的有效利用率奠定了基础。

新疆油田注蒸汽项目所取得的研究成果，在六九区稠油油藏全面试验及推广应用，取得了显著的生产效果和经济效益，目前在形成六九区成熟开采技术的基础上，新疆油田陆续开发了红浅等稠油油田。

### 1.2.3 蒸汽辅助重力泄油技术

蒸汽辅助重力泄油技术主要用于超稠油的开采，最早由 Butler 提出，是将流体热对流与热传导相结合，以蒸汽作为加热介质，依靠原油的重力作用进行开发的稠油热采技术，可以有效开发特稠油、超稠油油藏，其原理如图 1.2.2 所示。蒸汽辅助重力泄油技术是一种稠油开采的高效方式，在稠油油田开采作业中，通过 SAGD 技术的应用可使采收率达到60% 以上，该技术产出液温度高、井口压力大，具有较多的优势，能够满足当前稠油油田开采需求，合理运用该技术可提升开采效率。

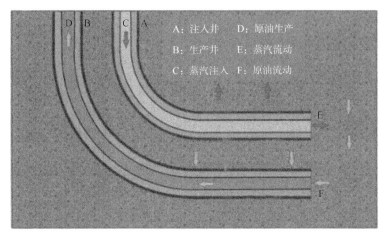

A：注入井　　D：原油生产
B：生产井　　E：蒸汽流动
C：蒸汽注入　F：原油流动

图 1.2.2　双水平井 SAGD 的工作过程

蒸汽辅助重力泄油原理与水平井技术相结合被认为是近十年来所建立的最著名的油藏工程理论。如今辽河油田和新疆油田分别在中深层超稠油蒸汽辅助重力泄油技术和浅层稠油双水平井蒸汽辅助重力泄油技术应用上遥遥领先。

辽河油田蒸汽辅助重力泄油技术经历了从 1997 年的开发先导试验，到 2005 年进一步扩大实验，取得成功并得以推广使用，已经形成了热采三维物理模拟技术、油藏工程优化设计技术、跟踪动态调控技术、大排量举升工艺技术等系列技术。

2008—2009 年新疆油田在风城油田重 32、重 37 井区进行了蒸汽辅助重力泄油技术先导试验，2011 年先导试验成功，2012 年起得到了工业化应用，截至 2017 年底，风城油田开发了重 32、重 18、重 1、重 45 区块，共建设蒸汽辅助重力泄油井组 256 对，接转站 1 座，高温密闭脱水站 1 座，循环液预处理站 1 座。2017 年产油量突破 $100 \times 10^4 t$，已连续 5 年稳产 $100 \times 10^4 t$ 以上。

### 1.2.4　火驱稠油开采技术

火驱技术（又称为火烧油层）是最早开展的热采技术之一。火驱采油技术是通过注气井底部的点火装置将地下油层的原油点燃，同时把空气注入油层内，经过燃烧后，地下油层的稠油因吸收热量和燃烧裂解，黏度不断降低，由抽油机将其采出，采收率可达 50%~70%。火驱采油技术具有低能耗、低成本、低污染、高采收率等优势，适用于稠油油田老区二次开发以及黏度范围较广的新建产能区块开发，如图 1.2.3 所示。

2003 年，中国石化首个重大火驱试验—胜利油田郑 405 块火驱先导试验点火成功。2009 年，中国石油进行了首个火驱重大开发试验—新疆红浅 1 井区火驱试验，试验区为 $0.28 km^2$，点火井 13 口，生产井 38 口，截至 2016 年，累计产油 $11.4 \times 10^4 t$，阶段采出程度 21%，取得良好的生产效果。

新疆油田火驱技术先导试验生产 11 年，累计产油 $15.5 \times 10^4 t$，火驱阶段采出程度 36.2%，取得较好的开发效果。通过火驱试验及工业化应用，新疆油田已成功采取稠油蒸汽驱后再利用火驱开采等技术措施，进一步提高了稠油老区的采收率。

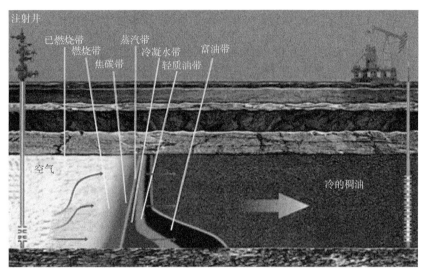

图 1.2.3　火驱技术的开采原理

## 1.3　新疆油田稠油采出水水质及指标

新疆油田稠油采出水处理技术主要通过重力沉降、化学反应、混凝沉降、压力过滤等工艺，去除油、悬浮物、水中结垢与腐蚀因子，同时还包括除硅工艺、软化工艺与除盐等工艺。从 2000 年起，新疆油田已相继建成 7 座稠油采出水处理站，总设计规模近 $16.6×10^4m^3/d$。

### 1.3.1　新疆油田稠油采出水水质特点

新疆油田稠油采出水多属 $NaHCO_3$ 型，偏碱性。不同区块采出水矿化度为 2000~6000mg/L，采出水温度为 50~95℃，平均含油量 500mg/L，有机物和悬浮物波动大。

（1）红浅稠油采出水水质特点。

红浅稠油采出水含油为 500~5000mg/L，水中 10μm 以下的油珠占全部油珠的 85% 以上，且为水包油型。油珠粒径分布高峰为 5~8μm，采出水的乳化程度较高，除油难度很大。红浅稠油采出水水质分析结果见表 1.3.1。

**表 1.3.1　红浅稠油采出水水质特点**

| 检测项目 | 检测值 | 检测项目 | 检测值 |
|---|---|---|---|
| 含油量（mg/L） | 200~2000 | 总溶解固体（TDS）（mg/L） | 2500~5000 |
| 总悬浮固体（mg/L） | 100~1000 | 进水温度（℃） | 50~65 |
| 硬度（以 $CaCO_3$ 计）（mg/L） | 90~160 | 化学需氧量（COD）（mg/L） | 300~5000 |
| 碱度（以 $CaCO_3$ 计）（mg/L） | 500~1200 | pH 值 | 7~8 |
| $SiO_2$（mg/L） | 130~154 | — | — |

（2）六九区稠油采出水水质特点。

六九区稠油采出水具有矿化度低（3000～5000mg/L）、温度高（70～80℃）的特点，因此，采用合适的工艺手段将稠油采出水进行处理后回用热采锅炉，可节约大量的淡水资源，可充分利用采出水的热能，减少热采锅炉燃煤的消耗，具有好的环境效益和经济效益。六九区块稠油采出水水质见表1.3.2。

表1.3.2　六九区稠油采出水水质分析

| 检测项目 | 检测值 | 检测项目 | 检测值 |
| --- | --- | --- | --- |
| 含油量（mg/L） | 82 | 总溶解固体（TDS）（mg/L） | 4520 |
| 总悬浮固体（mg/L） | 21 | 进水温度（℃） | 65 |
| 硬度（以 $CaCO_3$ 计）（mg/L） | 185.7 | 总铁（mg/L） | 0 |
| 矿化度（mg/L） | 4830 | 溶解氧（mg/L） | 0 |
| $SiO_2$（mg/L） | 154.9 | pH 值 | 7～8 |

六九区稠油采出水特点：①油水密度差小，水中油密度高，平均为900kg/m³，造成原油与水的密度差小。②温度较高，采用蒸汽吞吐进行稠油开采，产出液的温度高，因此，稠油采出水的温度也高，可达到60～80℃。③乳化严重，黏度大，油中含大量胶质和沥青质，具有天然乳化剂性质，且具有较大的黏滞性，特别在水温低时更显著，使得水中油粒凝聚困难。④成分复杂和多变，整个稠油生产过程中要添加各种化学药剂，造成稠油采出水成分复杂，再加上开采区块的油品性质、开采工艺、集输、脱水工艺的不同，生产中所加的各种化学药剂的变化也会引起水质的波动。由以上特点可知，稠油采出水是一种水质比较复杂的采出水，与稀油采出水相比，稠油采出水处理难度较大，常规处理工艺不能完全满足回用要求。

（3）风城油田超稠油采出水水质特点。

风城油田超稠油采出水具有温度高（95℃）、矿化度较高（6000mg/L）、硅含量高（360mg/L）的特点，处理后大量回用注汽锅炉易造成供水管线、注汽锅炉、注汽管网及井筒频繁结盐垢现象，随着风城油田超稠油开发大量引入过热注汽锅炉，这类结垢现象日趋严重。风城油田超稠油属碳酸氢钠水型，其物性参数检测结果见表1.3.3。

表1.3.3　风城油田稠油采出水水质分析

| 检测项目 | 检测值 | 检测项目 | 检测值 |
| --- | --- | --- | --- |
| 含油量（mg/L） | 50 | 总溶解固体（TDS）（mg/L） | 4500～6000 |
| 总悬浮固体（mg/L） | 80 | 进水温度（℃） | 62～95 |
| 硬度（以 $CaCO_3$ 计）（mg/L） | 120 | 总铁（mg/L） | 0 |
| 矿化度（mg/L） | 5000～6000 | 溶解氧（mg/L） | 5 |
| $SiO_2$（mg/L） | 100～360 | pH 值 | 7.5～11 |

① 风城油田采出液乳化严重，胶质、沥青质含量高，原油黏度高，采出水具有较强的黏滞性，油水密度差较小，油水界面张力大，且乳状液结构复杂，水包油、油包水和多重乳液并存，传统的采出水处理水质净化药剂体系难以使乳状液破乳、油水迅速分离，水质难以得到净化。

② 风城油田采出水中油珠、悬浮固体含量高，且其中的细粉颗粒砂在水中呈悬浊状，悬浮固体颗粒难以聚并，去除难度大。采出水中油珠粒径分布，见表1.3.4，采出水中悬浮物粒径分布见表1.3.5。

**表1.3.4 沉降罐出水油珠粒径分布表**

| 序号 | 粒径范围($\mu$m) | 含油(mg/L) | 粒径分布(%) |
|---|---|---|---|
| 1 | ≤60 | 11014 | 86.2 |
| 2 | ≤40 | 10258 | 80.3 |
| 3 | ≤20 | 9732 | 76.2 |
| 4 | ≤10 | 8415 | 65.9 |

**表1.3.5 悬浮物粒径分布测定结果表**

| 粒径范围 ($\mu$m) | 来水 | | 调储罐出水 | | 沉降速度 (mm/s) |
|---|---|---|---|---|---|
| | 百分率(%) | 含量(mg/L) | 百分率(%) | 含量(mg/L) | |
| >300 | 9.09 | 25 | 50.86 | 89 | >0.741 |
| 200~300 | 16 | 44 | 10.29 | 18 | 0.498 |
| 100~200 | 4 | 11 | 4 | 7 | 0.249 |
| 80~100 | 2.55 | 7 | 9.14 | 16 | 0.196 |
| 40~80 | 6.55 | 18 | 2.86 | 5 | 0.098 |
| 10~40 | 8 | 22 | 0.57 | 1 | 0.025 |
| 5~10 | 5.82 | 16 | 9.71 | 17 | 0.012 |
| <5 | 48 | 132 | 12.57 | 22 | <0.012 |
| 合计 | — | 275 | — | 175 | — |

表1.3.4中的数据可以看出，稠油联合站采出水来水含油较高，油珠粒径分布的特点是乳化程度高的小油珠占大部分，依靠简单沉降处理就能去除的含油仅占总含油的13.8%左右，而粒径小于$10\mu$m，依靠重量沉降很难去除的含油接近总含油的65.9%。

表1.3.5的数据可以看出，采出水中50%的悬浮物粒径在$10\mu$m以下，不小于$300\mu$m的悬浮物不到10%。调储罐出水不小于$300\mu$m的悬浮物含量上升到50%以上；而悬浮物粒径不大于$10\mu$m，占12%。沉降罐采出水悬浮物粒径较小，主要以泥的形态存在，大颗粒的悬浮含量较少，这也是导致沉降罐采出水性质稳定，分离困难的主要原因。

### 1.3.2 采出水处理指标

新疆油田稠油采出水处置的方法有三种：一是将其作深度处理，回用于注汽锅炉；二是将其外输至邻近稀油区，处理合格后用于油田注水；三是达标排放或减排回注。

（1）注汽锅炉用给水指标。

稠油采出水回用于热采注汽锅炉，是将稠油采出水进行深度处理达到高压蒸汽锅炉的给水标准，作为供给注汽锅炉用水。

对蒸汽锅炉来讲，一般要求蒸汽干度在 70%～85%，允许有浓缩水的存在，其对水质的要求与所用锅炉种类相关。根据新疆油田采出水处理实践，湿蒸汽锅炉水质执行 SY/T 6086—2019《油田注汽锅炉及配套水处理系统运行技术规程》，过热锅炉水质执行 Q/SY XJ 0304—2019《油田过热注汽锅炉给水水质指标》，燃煤流化床执行设计指标，见表 1.3.6。

表 1.3.6　各类锅炉给水水质指标

| 项目 | 水质标准 | 含油（mg/L） | 悬浮物（mg/L） | 总硬度（mg/L） | 矿化度（mg/L） | SiO$_2$（mg/L） |
|---|---|---|---|---|---|---|
| 湿蒸汽锅炉 | SY/T 6086—2019 | ≤2 | ≤5 | ≤0.1 | ≤7000 | ≤100 |
| 过热锅炉 | Q/SY XJ 0304—2019 | ≤2 | ≤2 | ≤0.1 | ≤2500 | ≤100 |
| 燃煤流化床 | 根据试验工程确定 | ≤2 | ≤2 | ≤0.1 | ≤2000 | ≤100 |

（2）回注地层用采出水处理指标。

注水开发是稀油区块开采的主要手段。稠油采出水经过适当处理后输送至邻近稀油区块回注地层是国内油田解决稠油采出水去向的另一途径。采出水回注需满足三项基本条件：一是水质稳定，与油层水相混不产生明显沉淀；二是水中不得携带大量悬浮物；三是对注水设施腐蚀性小。SY/T 5329—2012《碎屑岩油藏注水水质指标及分析方法》对注水水质主要控制指标和辅助控制指标均作出相关规定，具体见表 1.3.7 和表 1.3.8，其中红山嘴、风城油田注水水质标准执行 Q/SY XJ0030—2015《油田注入水分级水质指标》，见表 1.3.9。

表 1.3.7　碎屑岩油藏注水水质指标及分析方法（SY/T 5329—2012）

| 注入层平均空气渗透率（D） | | ≤0.01 | >0.01～≤0.05 | >0.05～≤0.5 | >0.5～≤1.5 | >1.5 |
|---|---|---|---|---|---|---|
| 控制指标 | 悬浮固体（mg/L） | ≤1.0 | ≤2.0 | ≤5.0 | ≤10.0 | ≤30.0 |
| | 悬浮颗粒粒径中值（μm） | ≤1.0 | ≤1.5 | ≤3.0 | ≤4.0 | ≤5.0 |
| | 含油量（mg/L） | ≤5.0 | ≤6.0 | ≤15.0 | ≤30.0 | ≤50.0 |
| | SRB（个/mL） | ≤10 | ≤10 | ≤25 | ≤25 | ≤25 |
| | FB（个/mL） | $10^2 n$ | $10^3 n$ | $10^3 n$ | $10^4 n$ | $10^4 n$ |
| | TGB（个/mL） | $10^2 n$ | $10^3 n$ | $10^3 n$ | $10^4 n$ | $10^4 n$ |
| | 平均腐蚀率（mm/a） | ≤0.076 | | | | |

注：$1 < n < 10$。

表 1.3.8  推荐水质辅助性控制指标（SY/T 5329—2012）

| 辅助性检测项目 | 控制指标 | |
| --- | --- | --- |
| | 清水 | 污水或油层采出水 |
| 溶解氧含量（mg/L） | ≤0.50 | ≤0.10 |
| 硫化氢含量（mg/L） | 0 | ≤2.0 |
| 侵蚀性二氧化碳（mg/L） | $-1.0 \leq \rho_{CO_2} \leq 1.0$ | |

注：侵蚀性二氧化碳含量等于零时此水稳定，大于零时此水可溶解碳酸钙并对注水设施有腐蚀作用，小于零时有碳酸盐沉淀出现；水中含亚铁时，由于铁细菌作用可将二价铁转化为三价铁而生成氢氧化铁沉淀，当水中含硫化物时，可生成 FeS 沉淀，使水中悬浮物增加。

表 1.3.9  注水水质主要控制指标（Q/SY XJ0030—2015）

| 标准分级 | | 砂、砾岩 | | | |
| --- | --- | --- | --- | --- | --- |
| | | 特低渗透<br>（<10mD） | 低渗透<br>（10~50mD） | 中渗透<br>（50~500mD） | 高渗透<br>（>500mD） |
| 控制指标 | 矿化度（mg/L） | 接近地层水矿化度 | | | |
| | 悬浮固体含量（mg/L） | ≤8.0 | ≤15.0 | ≤20.0 | ≤25 |
| | 悬浮物颗粒直径中值（μm） | ≤3.0 | ≤5.0 | ≤5.0 | ≤5.0 |
| | 含油量（mg/L） | ≤5.0 | ≤10.0 | ≤15.0 | ≤30.0 |
| | 平均腐蚀率（mm/a） | ≤0.076 | | | |
| | 点腐蚀，肉眼描述 | 试片有轻微点蚀 | | | |
| | 硫酸盐还原菌（个/mL） | ≤25 | ≤25 | ≤25 | ≤25 |
| | 铁细菌（个/mL） | $10^3 n$ | $10^3 n$ | $10^3 n$ | $10^4 n$ |
| | 腐生菌（个/mL） | $10^3 n$ | $10^3 n$ | $10^3 n$ | $10^4 n$ |

注：（1）$1 < n < 10$。

（2）清水水质指标中去掉含油量。

（3）外排采出水处理指标。

油田废水中含有的油、悬浮物和大量结构复杂的有机物都是构成 COD 的物质，因此在排放前必须针对性地经过一系列的处理工艺，去除污染物、降低 COD，使其满足 GB 8978—1996《污水综合排放标准》所规定的排放标准，具体指标见表 1.3.10。

由于稠油采出水中有机物含量高，要将化学需氧量降至排放标准以内，处理成本往往会比较高。因此，稠油采出水化学需氧量指标往往不达标。在这种情况下采用外排的方式处理稠油采出水，油田公司不仅需要缴纳排污费，还需面对采出水水质不达标的罚款，因此，外排逐渐不被油田企业所采用。

**表 1.3.10 石油开发工业水污染物最高允许排放浓度（GB 8978—1996）**

| 项目 | 1997.12.31 以前所建单位 | | 1998.01.01 以后所建单位 | |
| --- | --- | --- | --- | --- |
| | 一级标准 | 二级标准 | 一级标准 | 二级标准 |
| pH 值 | 6~9 | 6~9 | 6~9 | 6~9 |
| 色度（稀释倍数） | 50 | 80 | 50 | 80 |
| 悬浮物（mg/L） | 70 | 200 | 50 | 150 |
| 生化需氧量（mg/L） | 30 | 60 | 20 | 30 |
| 化学需氧量（mg/L） | 100 | 150 | 60 | 120 |
| 石油类（mg/L） | 10 | 10 | 5 | 10 |
| 挥发酚（mg/L） | 0.5 | 0.5 | 0.5 | 0.5 |
| 总氰化物（mg/L） | 0.5 | 0.5 | 0.5 | 0.5 |
| 硫化物（按 S 计）（mg/L） | 1.0 | 1.0 | 1.0 | 1.0 |
| 氨氮（mg/L） | 15 | 25 | 15 | 25 |
| 总铜（mg/L） | 0.5 | 1.0 | 0.5 | 1.0 |
| 总锌（mg/L） | 2.0 | 5.0 | 2.0 | 5.0 |
| 总有机碳（mg/L） | — | — | 20 | 30 |

# 2 国内外稠油采出水处理技术工艺及发展

我国稠油资源分布广泛、储量丰富，陆上稠油、沥青资源约占石油总资源的20%。稠油采出水是油田产出原油的伴生物质，无法避免。对于稠油采出水的处置主要有回用、回注和外排三种方法，其中回用热注锅炉技术可以充分利用稠油采出水的水源和水温，实现采出水资源化，因此，目前国内外对稠油采出水处理的处置主要是将其用于热采锅炉给水。

稠油采出水具有油水密度差小、乳化严重、生物降解性能差、水质水量变化大、矿化度高、水温高、黏度大、成分复杂等特点，直接用于热采锅炉给水会对锅炉造成结垢、腐蚀，甚至爆管的危害，影响生产运行，稠油采出水的特点导致了其处理难度较大，同时锅炉给水对水质的要求比外排或者回注要求更加苛刻。

## 2.1 国内外稠油采出水处理技术

国内外稠油采出水处理技术主要分为净化处理技术和除盐技术。净化处理技术主要用于去除采出水中的颗粒杂质和油类杂质；除盐技术主要用于去除采出水中的盐类杂质。

### 2.1.1 净化处理技术

去除颗粒杂质的主要技术有重力沉降技术、过滤技术、离心分离技术、气浮技术、混凝沉降技术、电化学絮凝技术等；去除有机杂质的主要技术有吸附技术、微生物处理技术、直接氧化技术、电化学氧化技术、超临界水氧化技术等。

（1）重力沉降技术。

重力沉降技术是利用物质密度不同引起沉降速度不同，从而使不同物质分离的方法。重力沉降的效果主要与物质的密度差、颗粒大小、黏度、沉降高度等有关。在沉降过程中，颗粒一般受到3个力的作用：自身的重力、阿基米德浮力和流体对颗粒的沉降阻力。当颗粒沉降处于层流状态时，颗粒的重力、阿基米德浮力及流体的沉降阻力与沉降速度之间的关系可用经典的斯托克斯沉降公式描述：

$$u = \frac{gd^2(\rho_s - \rho_1)}{18\eta}$$

式中：$u$ 为颗粒的沉降速度，m/s；$d$ 为沉降颗粒的直径，m；$\rho_s$、$\rho_l$ 分别为颗粒和沉降液体的密度，kg/m³；$\eta$ 为液体的黏度，Pa·s；$g$ 为重力加速度，m/s²。

重力沉降技术中最常用的设备是沉降罐，其结构如图 2.1.1 所示，通过这一单元处理，可以去除大部分杂质颗粒和部分浮油、分散油。沉降罐具有效果稳定，运行费用低，处理量大的特点。为提高罐内杂质的分离效果，通常将斜板(波纹板)及粗粒化构件放入沉降罐中以增加流道的长度。

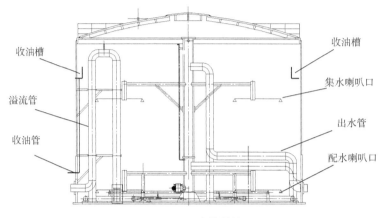

图 2.1.1 沉降罐结构图

（2）过滤技术。

采出水过滤是去除悬浮物的过程，特别是去除浓度较低的悬浊液中微小颗粒。当含悬浮物的采出水流过具有一定孔隙的过滤介质(滤层)，水中的悬浮物被截留在介质表面或内部而除去。因此，滤层过滤过程在本质上是将水中的污染物转移到滤料表面并附着在上面，然后除去的过程。

过滤介质对悬浮物的拦截作用可分为筛除作用和吸附作用。筛除作用是针对较大的悬浮颗粒，由于不能通过滤层而被截留在滤层的表层；而较小的悬浮颗粒尽管可以进入滤层，但这些颗粒在通过滤层时与过滤介质接触而被吸附在滤层中被滤除，这就是吸附作用。

采出水处理所用的过滤器有压力式和重力式两种。重力式过滤器(主要是单阀滤罐和无阀滤罐)由于效果差，目前基本已不再使用。目前我国油田普遍采用的是压力式，包括石英砂过滤器、核桃壳过滤器、双层滤料过滤器、多层滤料过滤器等。石英砂过滤器、核桃壳过滤器是目前我国油田水处理站中应用最广、处理效果较好的两种形式。这些填料具有吸附性强、抗压力强和化学性能稳定的特点，尤其是核桃壳过滤器，因其滤料截污能力大、质地较轻、反冲洗能耗小等优点而得到广泛应用。

随着纤维材料的发展和应用，由纤维材料代替粒状滤料，逐渐用于油田采出水的深度过滤处理。目前已开发出的纤维滤料过滤器有纤维球过滤器和纤维束过滤器，其滤料纤维细密，过滤时可以形成上大下小的理想滤料空隙分布，纳污能力大，去除悬浮物的效果高过石英砂和核桃壳滤料，可使水中悬浮物含量降至 1.5~2.0mg/L。

（3）离心分离技术。

离心分离技术是利用高速旋转设备产生强大的离心力，促使不同密度的组分在短时间内得以分离。受离心力作用时，混合物内的各组分往往会按密度由大到小，富集位置依次由鼓壁向中央分布。提高分离能力可通过增大离心加速度或减小沉降距离来实现，增大离心力可通过提高转速或增大转鼓直径实现，减小沉降距离可通过减小液层厚度实现。通过选择合适的离心力，可使混合物中不同密度的组分分离。与其他技术相比，离心分离技术具有占地面积小、停留时间短、无需助滤剂、系统密封好、过程连续、分离效率易于调节和处理量大的优势。

离心机和水力旋流器是两种常见的离心分离设备，两者均根据离心沉降的工作原理，不同之处在于使物料实现高速旋转的方法。离心机由于成本、维修、维护等方面原因目前在油田采出水处理方面使用不多。相比之下，旋流器具有成本低、结构简单、体积小且无运动部件等优点，但也存在分离能力小、通用性差等缺点。

水力旋流器是利用油与水密度不同，在液流旋转时受到离心力不等来实现油水分离的。其具体原理是油田采出水由入口切向流进入旋流管圆筒涡旋段后，以螺旋式流动。在经过很短的大锥角段后，迅速过渡到很长的小锥角段，由于油与水的密度差，使水沿着管壁旋流，而油珠移向中心。随着截面不断缩小，流速逐渐增大，小油珠继续移到中心汇成油芯。流体进入平行尾段，由于流体恒速流动，对上段产生一定的回压，使低压油芯从溢流口排出，被净化的水由尾部排出，从而回收了水中的分散油，并净化了水质。水力旋流分离器结构如图 2.1.2 所示。

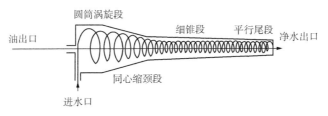

图 2.1.2　水力旋流分离器结构示意图

水力旋流器在稠油采出液的脱水处理和稠油采出水处理方面也有广泛应用。加拿大西部稠油含水率通常超过 90%，传统的重力沉降罐可将含水率降至大约 15%。1996 年 Hashmi 等对水力旋流器处理高含水稠油的脱水进行了评估，采用两级水力旋流器对高含水稠油脱水其效果与重力沉降罐相近，可将稠油含水率由 40%~85% 降至 20% 以下，而水中含油为 250mg/L 左右。水力旋流器应用于美国的 Kern 油田和加拿大的 Cold Lake 油田的稠油采出水处理中。Kern 油田的现场试验结果表明水力旋流器可代替诱导气浮，并且具有较大的经济性。Cold Lake 油田的现场试验也表明，水力旋流器可替代诱导气浮，作为过滤、软化和蒸汽发生器前的油水分离的把关设备。

2020 年韩帅针对辽河油田稠油采出水特殊性质及处理现状，在某脱水站开展了旋流分离技术处理稠油采出水的应用研究，结果表明：不投加破乳药剂，分流比调整为 10.87%，

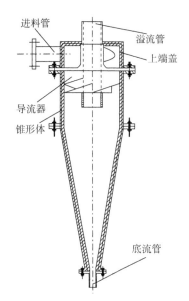

进料管

溢流管

上端盖

导流器

锥形体

底流管

图 2.1.3　新型水力旋流器
结构示意图

旋流分离后采出水最佳除油效率为 59.56%，最佳除悬浮物效率为 43.87%；投加破乳药剂质量浓度为 200mg/L，分流比调整为 21.8%，旋流分离后采出水最佳除油效率为 68.99%，最佳除悬浮物效率为 50.95%。

2021 年青岛科技大学刘坤对可调节双螺旋进水路水力旋流器的各重要部件进行了设计计算和内部流场分析，其结构如图 2.1.3 所示。该水力旋流器采用螺旋状的导流槽避免了切线形进料管直接向旋流器内进料时造成的进口处流体扰动和湍动，减小了局部能耗，提高了旋流器的效率；导流器和溢流管通过螺纹连接，可根据需求旋转溢流管，改变溢流管深入锥形体内腔的长度以达到最佳分离效果，还可以更换不同内径的溢流管，适合对各种密度的混合液进行分离，使用灵活方便。

（4）气浮技术。

气浮就是在油田采出水中通入空气或设法使水中产生气体，有时还需加入浮选剂（如松香油、煤油产品、脂肪酸及其盐类、表面活性剂等）或混凝剂（如硫酸铝、聚合氯化铝、三氯化铁等），使采出中颗粒为 $0.25 \sim 25 \mu m$ 的乳化油和分散油或水中悬浮颗粒黏附在气泡上，随气泡一起上浮到水面上并加以回收，从而达到油田采出水除油除悬浮物的目的。

由于表面能有减小至最小的趋势，所以在水中的油滴都呈圆球形。与此相似，界面能也有减小到最小的趋势。当采出中存在大量微小气泡时，油粒或悬浮颗粒同样具有黏附到气泡上的趋势以减少其界面能。其黏附性的大小与水对该物质的润湿性有关，各种物质对水润湿性可用它们与水接触角 $\theta$ 来表示。接触角 $\theta > 90°$ 称为疏水性物质，容易被气泡黏附；$\theta < 90°$ 称为亲水性物质，不易从水中向气泡黏附。如图 2.1.4 中 A 物质与水的接触角 $\theta < 90°$，不易黏附到气泡上，物质 B 的接触角 $\theta > 90°$，则易黏附到气泡上。

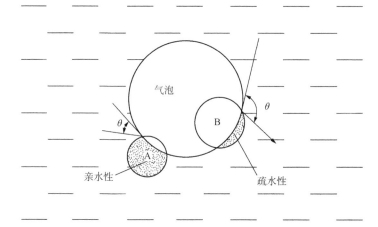

图 2.1.4　亲水性和疏水性物质接触角

气浮器通过向采出水中通入气体，使乳化油或固体悬浮物黏附在采出水中的高度分散的微小气泡上，并随着气泡浮到水面上加以去除的设备。其结构装置如图 2.1.5 所示。气浮效果的好坏很大程度上取决于水中气体的溶解量、饱和度，以及气泡的分散程度和稳定性。一般来说，分散度越高，气泡量越多，分离效果越好；另外，气泡拥有适宜的稳定性有利于和油黏结，可以提高分离效果。

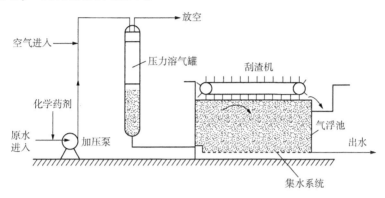

图 2.1.5　气浮处理污水中悬浮物工作示意图

气浮技术最早应用于矿冶工业，其方法是先把矿石磨碎成粉粒，加水制成悬浊液，然后加入浮选剂，并通入气泡，使矿石中有用的成分黏附在气泡周围而向上浮起，不能黏附在气泡上的杂质则下沉，从而达到富集有用矿石的目的。1860 年由 Wellian Hayneo 发明出浮选选矿法并且为此申请了专利；1907 年，H. Norris 又发明了喷射溶气气浮技术。

关于气浮法用于水处理方面的最早报道是在 1945 年由霍帕进行了试验，具体采用哪种气浮方式虽然没有报道，但其结论是气浮法引起人们的注意，原因是它比传统的处理方法所需的时间短。后来气浮技术由于制造的微气泡技术没过关，发展得相当缓慢。直到 20 世纪 70 年代，随着微气泡技术和释放器的开发成功而得到迅速发展。1979 年以前，仅瑞典一个国家就有几百个气浮池在净水厂中运行。20 世纪 60 年代，美国也出现了溶气气浮法处理废水的专利报道。20 世纪 70 年代初期英国水处理公司首次引进了气浮技术，并陆续建立了多个生活饮用水装置，日处理量 21500～36000m³。法国穆勒水厂第一期日处理5000m³ 工程已于 1979 年投产运行。

我国是最早研究气浮技术的国家之一，1963 年哈尔滨建工学院在对齐齐哈尔钢厂煤气发生站含酚废水进行预处理除油研究中用过射流浮选，试验除油效率为 80% 左右。大庆油田设计院在 1963—1965 年期间，曾在东油库污水站用自制的叶轮浮选机进行过气浮试验，除油效率达到 99.7%，但当时考虑到无定型的叶轮浮选机产品，且混凝除油也有较好的效果，因此从 20 世纪 60 年代到 20 世纪 80 年代中期，油田开发业一直没用气浮法处理含油废水。但随着石油工业的发展，各老油田原油含水率大幅度增加，油田采出水处理需求量也相应增加，这就需要提高单位体积设备的处理能力和减少占地面积，同时由于低渗透油层所需注水水质标准越来越严，需要采用除油效率高、停留时间短的气浮技术。1984 年大港油田羊二庄除污水处理设计中采用了 WEMCO 四级叶轮气浮机，经 1986 年投产试运除油效率可达 79.44%。

在采出水净化过程中，各种浮选处理方法最本质的区别在于水中形成气泡的方式和气泡大小的差异。根据这一特点，大体上可分为四种类型，即溶气气浮法、诱导气浮法、电解气浮法和化学气浮法，其不同的特点见表 2.1.1。

**表 2.1.1 气浮法的分类及特点**

| 方法名称 | 具体方法 | 浮选成因 | 优点 | 缺点 |
|---|---|---|---|---|
| 溶气气浮法 | 加压容器气浮法 | 加压使气体溶于污水中，在常压下释放气体产生微小气泡 | 气泡尺寸小、操作稳定、除油率高 | 流程复杂、停留时间长、设备庞大 |
| | 真空气浮法 | 减压使溶解在水中的气体释放产生微小气泡 | 能耗小、浮选室结构简单 | 溶气量小、结构复杂 |
| 诱导气浮法 | 机械鼓气气浮法 | 气体通过无数微小的空隙产生微小气泡 | 能耗小、浮选室结构简单 | 微孔易堵 |
| | 叶轮气浮法 | 叶轮转动吸入气体，依靠剪切力产生微小气泡 | 快速、高效、经济、耐冲击负荷 | 需浮选助剂、气泡大小不均 |
| 诱导气浮法 | 射流气浮法 | 依靠水射器使污水中产生微小气泡 | 高效、快速、噪声小、工艺简单、能耗低、产生气泡小 | 水射器要求高、水流紊动程度大 |
| 电解气浮法 | 电解气浮法 | 选用惰性电极、使污水电解产生气泡 | 气泡小、除油率高 | 极板损耗大、运行费用高 |
| | 电絮凝气浮法 | 选用可溶性电极在阳极产生气泡，在阴极产生有混凝作用的离子 | 气泡小、除油率高 | 极板损耗大、运行费用高 |
| 化学气浮法 | 化学气浮法 | 依靠物质间的化学反应产生微小气泡 | 设备投资低、气泡量可控、适用高悬浮物(SS)污水 | 污泥量增加、劳动强度大 |
| 其他 | 充气旋流式浮选机 | 压缩空气经多孔器壁挤入旋流层，被反向的高速旋转流体的强剪切作用分割成细小气泡 | 气泡尺寸小、处理快速、除油率高、占地面积小 | 加压进气、进水能耗大、操作复杂 |
| | 浮选柱 | 气液两相在柱体中逆流接触。污水从顶部进入，空气从柱底部进入，经气体分布器分散为细微气泡上升与液相充分接触携带浮渣从顶部排除 | 工艺简单、能耗低、耐冲击负荷 | 需投加表面活性剂、气体分布器易堵、操作复杂 |

（5）混凝沉降技术。

混凝沉降技术是稠油采出水去除胶体颗粒最基本也是极为重要的处理方法。采出水中

的胶体颗粒粒径是 $10^{-6} \sim 10^{-4}$mm 的微粒，许多微粒聚集起来达到一定量后，其表面会产生吸附力，从而吸附水中的许多离子，微粒表面带电，同类胶体带有同性电荷，相互排斥，使其一直保持微粒状态而悬浮于水中，且胶粒表面紧紧包围着一层水分子，这层水化层也阻碍和隔绝了胶体微粒间的接触，使之稳定存在于采出水中。

混凝包含凝聚和絮凝两个过程，其中凝聚是指采出水中的粒子通过压缩双电层、电性中和作用脱稳、聚集而形成大颗粒的过程，而絮凝是指脱稳颗粒在吸附架桥、网捕或卷扫等机理作用下形成较大絮体的过程。凝聚过程进行得相对较慢、形成的絮体较小但颗粒密度较大，絮凝过程进行得相对较快且形成的颗粒大，但其密度较低。两者结合能够满足絮体形成快、密度高、易沉降的混凝要求。混凝剂是混凝处理过程中不可缺少的处理剂，按作用可将其分为絮凝剂和助凝剂。

胶体微粒在污水中的稳定性通常用 Zeta（电动电位）来表示，Zeta 是吸附层和扩散层间的电位差。Zeta 电位越大，带电量就越大，胶粒也就越稳定；Zeta 电位越小或越接近于零，胶粒越少带电或不带电，因此就不稳定，胶粒之间易于接触黏合而沉降，其双电层结构示意图如图 2.1.6 所示。因此，在工业水处理中，经常通过添加某些化学药剂的方法来降低 Zeta 电位，使胶体颗粒发生混凝而去除胶体颗粒。

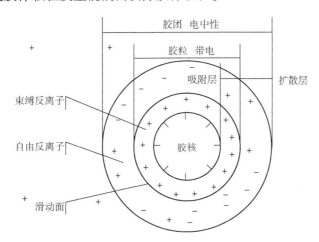

图 2.1.6  胶体双电层结构示意图

混凝技术的作用机理包括压缩双电层、电性中和、吸附架桥、网捕四种。

① 压缩双电层机理。

电解质的种类和浓度对胶团的双电层影响很大。Zeta 是由溶液中的电位离子浓度决定的，只要其浓度不变，Zeta 可保持常数。

胶团中反离子吸附层的厚度一般很薄，只有单层或数层的离子，而反离子扩散层却要厚得多，其厚度与水中的离子强度有关，离子强度越大，厚度越小。当扩散层厚度减小时，电动电位也随之降低。

当水中电解质的浓度增大，离子价数增高，也即离子强度增加时，反离子扩散层厚度随之减小，其原因是电解质对扩散层有压缩作用。首先，离子强度增加后，同电性离子间相互排斥作用增强，以致使扩散层空间容积缩小。其次，高价离子除了因离子强度剧烈增加而对扩散层有直接压缩作用外，还可能把一部分反离子进一步压缩到胶团的反离子吸附层中去，使电动电位降低，从而减小扩散层厚度。高价离子还可以进入胶团的扩散层和吸附层，按照等电荷量的原则置换出低价离子，使双电层中的离子数目减少而压缩扩散层，降低 Zeta。而胶粒对高价离子则有强烈吸附作用，往往把高价离子吸到吸附层中去，却置换出少量非等物质量的低价离子，使扩散层剧烈缩小，Zeta 显著降低。因此，电解质加到水溶胶中，由于直接压缩，以及高价离子的离子交换和吸附作用，最终使胶团的扩散层减小，Zeta 降低，直到使全部反离子都由扩散层进入吸附层，Zeta 降为零。这时，胶粒的吸附层中正负电荷相等，胶粒变为电中性，达到等电状态，消除了水溶胶体系的稳定性。

一旦在水溶胶体系中加入高价电解质，使胶团扩散层压缩、Zeta 降低时，胶粒间的排斥作用就减弱。这时，胶体之间通常会发生凝聚。当 Zeta 降为零时，溶胶最不稳定，也就是凝聚作用最剧烈。

② 电性中和机理。

当带有正电荷的高分子物质或高聚合离子吸附了负电荷胶体粒子以后，就产生了电中和作用，从而导致胶粒电位的降低。胶体粒子有可能吸附过多的聚合离子，以致使胶体颗粒电荷改变符号，即原来负电荷胶体变成带正电荷胶体。铝盐和铁盐水解产物对水中黏土等负电荷胶体就有这种作用。

③ 吸附架桥机理。

吸附架桥作用主要是指高分子物质与胶粒相互吸附，但胶粒与胶粒本身并不是直接接触，而使胶粒凝聚为大的絮凝体。还可理解成两个大的同号胶粒中间由于有一个异号胶粒而联结在一起。高分子絮凝剂一般具有线状或分枝状长链结构，它们具有能与胶粒表面某些部位起作用的化学基团，当高聚合物与胶粒接触时，基团能与胶粒表面产生特殊的反应而相互吸附，而高聚合物分子的其余部分则伸展在溶液中可以与另一表面有空位的胶粒吸附，这样聚合物就起了架桥连接的作用。

聚合物在胶粒表面的特殊吸附能力来源于各种物理化学作用，如范德华引力、静电斥力、氢键、配位键等。假如胶粒少，上述聚合物伸展部分黏接不到第二个胶粒，则这个伸展部分迟早还会被原先的胶粒吸附在其他部位上，这个聚合物就不能起架桥作用了，而胶粒又处于稳定状态。高分子絮凝剂投加量过大时，会使胶粒表面饱和产生再稳现象。已经架桥絮凝的胶粒，如受到剧烈的长时间的搅拌，架桥聚合物可能从另一胶粒表面脱开，重新又卷回原所在胶粒表面，造成再稳状态。

④ 网捕或卷扫机理。

当金属盐如硫酸铝或氯化铁或金属氧化物和氢氧化物如石灰作凝聚剂时，当投加量大得足以迅速沉淀金属氢氧化物或金属碳酸盐时，水中的胶粒可被这些沉淀物在形成时所网捕。当沉淀物是带正电荷时，沉淀速度可因溶液中存在阴离子而加快，例如硫酸根。此外水中胶粒本身可作为这些金属氢氧化物沉淀物形成的核心，所以凝聚剂最佳投加量与被除去物质的浓度成反比，即胶粒越多，金属凝聚剂投加量越少。

（6）电化学絮凝技术。

电化学絮凝技术在废水处理领域的应用已有百年历史，早在 20 世纪初期，Eugene Hermite 等首次提出采用电絮凝技术（Electrocoagulation，EC）处理废水，将废水与海水混合后进行电解，并应用于工业废水处理。

电化学絮凝技术是在通电条件下，金属阳极溶解产生的离子与氢氧根离子络合形成絮凝体，通过电荷中和、网捕卷扫和吸附架桥等作用捕获废水中的污染物。电化学絮凝技术在废水处理过程中包括以下反应：①阳极溶解产生金属离子，并且在阴极有氢气产生；②体系中污染物、悬浮物和乳液的稳态被破坏；③絮凝体的形成和聚集；④通过沉淀和气浮作用使絮凝物与溶液分离；⑤电化学作用促进污染物和金属离子在电极表面发生氧化还原反应。水解形成金属氢氧化物的絮凝体对废水中的固体污染物和极性基团进行吸附分离，该过程主要是胶体的形成和聚集，由 Derjaguin-Landau-Verwey-Overbeek（DLVO）理论可知，絮凝体的形成取决于范德华吸引位能与双电层引起的静电排斥位能之和，即吸引力应大于排斥力。

金属阳极是电化学絮凝技术的关键组成，可作为阳极的金属有铁、铝、不锈钢等，其中纯铝和纯铁由于絮凝效果好、价格低廉等优势被广泛用于现有研究中。

① 铝系阳极。

铝作为阳极时，当直流电源通电后，铝放电成为铝离子并进入水中。

$$Al-3e \longrightarrow Al^{3+}$$

水的离解：

$$H_2O \longrightarrow H^+ + OH^-$$

带正电的氢离子在阴极上获得电子生成氢气。

$$2H^+ + 2e \longrightarrow H_2 \uparrow$$

带有负电荷的氢氧根向阳极移动并在阳极放电，生成新生态的氧。

$$4OH^- - 4e \longrightarrow 2H_2O + O_2 \uparrow$$

$$Al^{3+} + 3OH^- \longrightarrow Al(OH)_3 \downarrow$$

阴极产生氢气气泡，阳极产生氧气气泡，气泡上升时就能将悬浮物带到水面，于是水面上就形成了浮渣层，带到水面的物质增多后浮渣层就变密变厚。该过程中产生的 $Al^{3+}$ 和 $OH^-$ 反应生成 $Al(OH)_3$，这是一种活性很强的凝聚剂。

② 铁系阳极。

铁作为阳极时，在稳压直流电作用下，阳极溶出大量亚铁离子进入水中并发生絮凝反应：

$$Fe-2e \longrightarrow Fe^{2+}$$

$$Fe^{2+}+2OH^- \longrightarrow Fe(OH)_2\downarrow$$

$$4Fe^{2+}+10H_2O+O_2 \longrightarrow 4Fe(OH)_3\downarrow+8H^+$$

$$2H_2O+2e^- \longrightarrow H_2\uparrow+2OH^-$$

铁阳极溶解而产生相对应的亚铁离子，与水和氧气反应生成氢氧化铁，但在这个过程中会因为 pH 值等因素的影响而生成大量的复杂水解产物，如 $Fe(OH)^{2+}$、$Fe(OH)_2^+$、$Fe_2(OH)_2^{4+}$、$Fe(OH)^{4-}$、$Fe(H_2O)^{2+}$、$Fe(H_2O)_5OH^{2+}$、$Fe(H_2O)_4(OH)_2^+$、$Fe(H_2O)_8(OH)_4^{4+}$、$Fe_2(H_2O)_6(OH)_2^{4+}$。这些水解产物能将废水中的颗粒物和胶体聚集起来，形成体积越来越大的絮凝体，随着反应时间增加，在重力和气浮作用下，被沉淀或上浮去除。

因此在通直流电进入水中，一是产生的气体将悬浮物带到水面形成浮渣进行分离，二是反应生成氢氧化铝作为凝聚剂，可使悬浮小颗粒凝聚起来，依靠相对密度不同上浮分离或沉淀分离。此外，电凝聚法还有沉淀作用，能够去除一些水中的有害物质，如氰根和 6 价 Cr 等。

（7）吸附技术。

吸附法是利用亲油性材料来吸附水中的油类物质。吸附法对其他方法难以去除的一些大分子有机污染物的处理效果尤为显著，经处理后出水水质好且比较稳定，因而吸附法在采出水处理中有着不可取代的作用。活性炭是常用的吸附材料，此外，煤炭、吸油毡、陶粒、石英砂、木屑、硼泥等也可作为吸附剂。

V.O.OI'shanakii 在紫外光照射的条件下，将粒径约 1mm 的褐煤在 105~110℃ 的真空中处理 30min，然后在 280~340℃ 下除去褐煤中的挥发成分，再将经过处理的褐煤研磨至 0.5~100μm，同时加入硅石粉和表面活性剂，制成褐煤吸附剂。这种吸附剂对于含油废水中的矿物油、石油等有很好的吸附能力。

A. Cambiella 等利用锯屑作为吸附剂填充过滤柱，处理金属加工产生的含油废水，在含油废水中加入少量无机盐作为破乳剂，结果表明在有少量破乳剂加入的情况下，经过锯屑的吸附、过滤，含油废水中 99% 以上的油可以被除去。

M. Toyoda 等曾经报道了一种膨胀石墨，它可以吸附浮在水面上的重油，且容易从水中分离，它对 A 级重油的最大吸油量达 80g/g，而且对于所吸油的回收率达到 80%。采用膨胀石墨深度处理油田含油废水，结果表明每克膨胀石墨可处理 16.3L 含油废水，出水达到了回注水标准，且其处理能力优于纤维球。有人以膨胀石墨为吸附剂自制吸附柱作为废水处理装置，填充密度控制在 9g/L，水流速度控制在 70L/h 时，吸附流程控制在 2m 时，处理的油田采出水能达到回注水标准。

ETVentures 公司将胺聚合物加入膨润土中，制成改性的有机黏土颗粒吸附剂，对 Teapot Dome 油田的采油废水进行吸附，出水再经过一根粒状活性炭吸附柱进行吸附，经过两次吸附后，出水中总石油类碳氢化合物、油脂、苯类物质的含量均小于 0.5μg/L。

吸附法中由于吸附剂吸附容量有限，吸附剂再生困难，处理成本高，吸附法一般用于含油废水的深度处理。

（8）微生物处理技术。

微生物处理技术是指应用微生物的生物化学作用使污水中的原油等有机污染物质降解而达到处理含油污水的方法，即利用原油降解菌在新陈代谢过程中将含油污水中的石油烃类物质转化为二氧化碳和水。近年来，国内外采用生物处理法来处理油田含油外排污水的报道较多。当前应用于油田采出水的生物处理法主要有活性污泥法、生物膜法、自然处理法、厌氧生物法及生物强化法。

① 活性污泥法。

活性污泥法是污水生物处理的一种方法。在人工充氧条件下，对污水和各种微生物群体进行连续混合培养，形成活性污泥。利用活性污泥的生物凝聚、吸附和氧化作用，以分解去除污水中的有机杂质。

2002 年 Gilbert T 等采用连续流的活性污泥法处理美国西北部油田产生的采出水，在停留时间为 20d、混合液悬浮固体浓度为 730mg/L 的条件下，石油烃类的去除率保持在大约 99%。而陈进富等采用活性污泥法处理绥中某油田采油废水时，采油废水经 72h 曝气生化处理其 $COD_{Cr}$ 的降解率仅为 26.4%。连续流活性污泥法运行管理方便，能耗较小，但是反应速度慢，出水水质要求较高时，必须保证足够长的停留时间。巴西的 RioDeJaneiro 等应用序批式活性污泥处理工艺对油田采油废水进行生物处理试验，氨氮和苯酚类的平均去除率分别为 93% 和 65%，$COD_{Cr}$ 的去除率在 50% 以上。李顺成等采用序批式活性污泥处理结合高效菌种的方法，试验表明投加菌液情况下，生物反应时间减少，处理效果得到加强。

② 生物膜法。

生物膜是由高度密集的好氧菌、厌氧菌、兼性菌、真菌、原生动物以及藻类等组成的生态系统，其附着的固体介质称为滤料或载体。当污水以一定的流速流过时，生物膜中的微生物吸收分解水中的有机物，使污水得到净化，同时微生物也得到增殖，生物膜随之增厚。

生物膜法在采油废水处理的应用主要有生物滤池、生物流化床和生物接触氧化等。J. C. Campos 等将粗砂滤过的高盐度采油废水经纤维酯膜（MCE）进行微滤，去除一些大分子有机物，然后再进入用聚苯乙烯颗粒作填料的生物滤池内进行处理后，$COD_{Cr}$、TOC 和苯酚类的去除率分别为 65%、80% 和 65%。Bozo 等使用颗粒活性炭作为生物载体三级处理含盐量较高的油田废水，采用活性炭作为生物载体，同时发挥生物吸附作用去除有机物。在运行中，由于生物再生的作用，活性炭的吸附性能并没有耗竭，处理过程非常有效，出水的有机物成分（$BOD_5$）不超过 215mg/L。2003 年，许谦等以某油田采油废水为处理对象，经絮凝除油—序批式生物膜反应器联合工艺处理后，出水 $COD_{Cr}$ 低于 100mg/L，表现出该工艺的良好应用前景。

③ 自然处理法。

污水的自然生物处理主要有氧化塘法，人工湿地处理法等。氧化塘法处理采油废水在国内外已得到充分的应用。国内胜利油田利用氧化塘技术处理桩西联采油废水的工程已获得成功，废水最终达标排放。国外也有报道在经平流式隔油池和气浮处理后采用氧化塘法进一步处理，气浮单元出水含油量为 40mg/L，在氧化塘停留时间超过 20d 后，出水含油量低于 18mg/L。

人工湿地系统在采油废水中的处理中也得到了应用。Cynthia 等采用混合反渗透推流式湿地处理系统处理含盐采油废水，油田采出水先进行反渗透系统预处理后，再经过推流式湿地处理系统，处理后水质改善可用于灌溉或者排放到水体。通过毒理学测试，出水的总溶解性固体去除率达到 94%。

④ 厌氧生物法。

油田采油废水中的有机污染物有一部分是属于难以生物降解的多环芳烃类高分子物质，利用厌氧处理使废水中的一些复杂有机物在厌氧菌作用下进行水解和发酵，转化为易于生物降解的简单有机物，从而使可生化性得到改善，为后续处理提供条件，并去除一部分的 $S^{2-}$。在油田采出水的处理中，厌氧处理常常作为好氧处理的预处理手段。竺建荣等应用厌氧、好氧交替工艺处理辽河油田废水，将 $COD_{Cr}$ 为 360~370mg/L 的油田废水降解至 $COD_{Cr}$ 为 130~160mg/L，再通过好氧接触氧化法二级处理，出水 $COD_{Cr}$ 浓度可以控制在 100mg/L 以下。

⑤ 生物强化法。

采油废水中含有暂时性的有毒物质，对微生物起到毒害作用，同时其高温高盐的水质特点使得微生物的生长受到抑制。此时，用一般生物方法处理，降解速率较慢，微生物需要一段较长的时间来适应。培养驯化高效优势菌群，采用生物强化技术是实现高含盐、难降解采油废水生物处理的有效途径。许谦等为快速获得适合于处理采油废水的优势菌种，驯化过程中先后加入蛋白质稳定剂 FYH.4 和微生物促生剂 FYS.5，促进优势特种菌的生长繁殖，节省活性污泥的培养驯化时间。固定化生物技术也应用到采油废水的处理中。Qingxin Lit 等筛选出适合降解采油废水的菌种 M-12，并使用聚乙烯醇用作固定细胞的材料，固定后的细胞能够循环使用进行废水处理，而且有很高的 $COD_{Cr}$ 去除率。

（9）直接氧化技术。

直接氧化法是通过向废水中添加氧化剂，氧化分解废水中的油和 COD 等污染物，从而达到分解废水中污染物、净化废水的目的。常见的氧化法主要有湿式空气氧化法、湿式空气催化氧化法、臭氧氧化法。

① 湿式空气氧化法。

湿式空气氧化法是 1944 年 F. J. Zimmermann 研究提出的，指温度在 150~350℃ 的高温和压力为 0.5~20MPa 的高压条件下，将空气中的氧气、臭氧或过氧化氢等物质，在液相中将有机的污染物氧化为小分子有机物、无机物甚至转化为 $CO_2$ 和 $H_2O$ 等的化学过程，其中氧气、臭氧或过氧化氢等物质是作为氧化剂的。主要用于处理浓度高、有毒有害、难生物降解的废水的一种高级氧化技术。目前这种氧化法已经广泛地覆盖人们生活的各个领域，城市污泥、焦化、印染、造纸等工业废水及含酚、有机磷、氯烃、有机硫化合物的农药废水的处理。湿式氧化反应主要属于自由基反应，共经历诱导期、增值期、退化期和结束期 4 个阶段。而且其自身具备很多优点，如较高的效率、较短的时间、较广的应用范围、较小的运行装置。但是相应的也有一些弊端，如对设备的要求较高、投资较大、能耗较高，因此人们更愿意选择使用催化剂来降低反应温度和压力或缩短反应停留时间的湿式催化氧化法。

② 湿式空气催化氧化法。

湿式空气催化氧化法是指在传统的湿式氧化处理工艺中加入适当的催化剂使氧化反应能在较低的温度和压力条件下以更短的时间内完成。这种方法不但可以提高反应速率，缩短反应的停留时间，而且减少了对设备腐蚀，降低了运行的费用。湿式空气催化氧化法有均相与非均相两种存在方式。湿式空气催化氧化法主要是要选择活性高并且容易回收的催化剂，催化剂按其性质一般可分为金属盐、氧化物和复合氧化物三类。

③ 臭氧氧化法。

臭氧是一种常用的氧化剂，能与许多有机物或官能团发生反应，不仅能氧化水中的无机物，而且还能氧化难以生物降解的有机物，1893 年 Schneller.V 等人研究采用臭氧对河水进行消毒处理。臭氧分解可以产生生态氧原子，它有很高的氧化活性，在废水处理过程中其能将发色基团和不饱和化学键打开，从而破坏有机物结构、生成分子量较小的物质，最终实现脱色和去除废水中有机物的作用。通常认为臭氧与有机物发生反应有 2 种途径：一是臭氧以氧分子的形式与水中的有机物进行直接反应；二是臭氧在水体碱性环境下分解产生·OH，通过·OH 氧化有机物。在利用臭氧处理废水过程中，臭氧与水中的有机物之间会发生复杂的反应，既有直接氧化反应，也有间接氧化反应，不同氧化反应的发生与反应时的外界条件以及待处理有机物的性质是紧密相关的。

臭氧氧化法在废水处理无二次污染、设备占地少、易实现自动化，但其设备要求高、处理成本高、COD 的去除率不是很理想。受其缺点限制，单一臭氧氧化法应用范围较小，为了发挥臭氧法的优势，将其与其他技术形成组合工艺日渐成为废水处理研究中的热点。

超声波可通过超声空化作用强化臭氧能力，超声波与臭氧氧化技术的联用可提高臭氧利用率。Kang 等采用超声波和 $O_3$ 组合工艺降解甲基叔丁基醚（MTBE），研究发现超声波将 $O_3$ 分解成 $O_2$ 和氧原子，其中氧原子与水发生反应会产生·OH，从而增大了水中原有的·OH 浓度，臭氧对 MTBE 的降解是 $O_3$ 分子直接氧化和·OH 间接氧化共同作用的结果。

Prengle 等通过试验研究发现臭氧和紫外光照射组合工艺可加速有机物降解，从而大大降低废水中 COD 和生物需氧量（BOD）的含量。研究认为紫外光照射臭氧过程中不仅会诱发产生·OH，还可激发产生其他基态物质和自由基，从而加速链反应，而后者在单一臭氧氧化过程中不会产生。

绥中某油田采油废水气浮后经臭氧氧化或吸附臭氧氧化后，COD 由原来的 628.1mg/L 降至 280~320mg/L，平均去除率为 31.9%。

（10）电化学氧化技术。

电化学氧化水处理技术降解有机物的反应在阳极，根据其作用机理的不同可以分为直接氧化和间接氧化。

① 直接氧化技术。

直接氧化技术是通过阳极发生的电化学反应直接氧化降解有机污染物的方法。在电流作用下，废水中 $H_2O$ 或者 $OH^-$ 在阳极放电产生吸附态的·OH，电极表面的有机物与·OH发生氧化反应而被降解。对于活性电极，·OH 生成后与金属氧化物电极材料结合在一起，随后与活性位点结合形成具有更高氧化态的 $MO_{x+1}$，$MO_{x+1}$ 与有机物发生降解反应，同时伴随着析氧副反应的发生。对于惰性阳极，由于没有可与·OH 结合的活性位点，·OH 会直接与有机物发生反应，但同时也存在着竞争性的析氧反应。

活性电极氧化和析氧反应：

$$MO_x+H_2O \longrightarrow MO_x(HO\cdot)+H^++e$$

$$MO_x(HO\cdot) \longrightarrow MO_{x+1}+H^++e$$

$$MO_{x+1}+R \longrightarrow MO_x+RO$$

$$MO_{x+1} \longrightarrow MO_x+1/2O_2$$

惰性电极竞争性反应：

$$MO_x(HO\cdot)+R \longrightarrow MO_x+RO+H^++e$$

$$MO_x(HO\cdot) \longrightarrow MO_x+1/2O_2+H^++e$$

② 间接氧化技术。

间接氧化技术是通过电极反应产生具有强氧化性的中间物质氧化降解有机污染物的方法。间接氧化技术同时利用了阳极的氧化能力和产生的氧化剂的氧化能力，因此其处理效率大幅度增加。间接氧化的实现有三种形式，一是利用水中阴离子间接氧化有机物，当溶液中存在硫酸根、氯离子、磷酸根时，在电极作用下产生过硫酸根、活性氯、过磷酸根，这类活性中间物质具有很强的氧化性，从而使有机物发生强烈氧化而降解；二是利用可逆氧化还原电对间接氧化有机物，当溶液中存在低价阳离子或金属氧化物时，这些物质在电化学过程中被氧化为高价态，然后这些高价态金属将有机物氧化降解，而自身被还原为原价态，利用金属离子高价态与低价态的可逆循环不断氧化去除污染物；三是电芬顿氧化降解有机物，电芬顿是依靠电极反应生成 $H_2O_2$ 或 $Fe^{2+}$ 芬顿试剂，利用芬顿反应产生的·OH氧化降解有机物的一种处理技术。

（11）超临界水氧化技术。

20 世纪 80 年代中期 Modell 提出的超临界水氧化法（SCWO）是一种新型高效氧化技术。水的临界点温度为 374℃，压力为 22.1MPa。水温和水压一旦超过临界点，水的性质就会发生很大的变化，可以溶解一些很难溶解于水的有机物和一些气体，这是因为温度和压力使水产生较大的扩散系数和较小的黏度的原因。超临界水氧化法正是利用水的这个特性使气体和有机物溶于废水中，使气液相界面消失，形成均相氧化体系，在极短时间内完全分解大多有机物，大大提高了反应的速率。

SCWO 技术使用的氧化剂主要以氧气或空气中的氧为主，反应介质是超临界水，由于超临界水对有机化合物和气体具有良好的溶解特性，因此能够形成均一相，即超临界流体相，从而发生氧化反应过程。在超临界状态下通入过量氧气，可以使氧化反应发生得更完全、更彻底，有机物被氧化分解为无害物质，如二氧化碳和水或者 $N_2$、$N_2O$，硫元素和卤素等则生成硫酸根离子或卤素根离子的无机盐。有机污染物在超临界水中溶解度很高，而无机盐类的在其中的溶解度极低。利用这个特性，在工业生产应用中，将有害有毒的有机污染物与水混合后，通过超临界水氧化设备的升温加压，反应过程中，有害的有机物被氧气氧化成无二次污染的物质，从而达到净化有机废水的目的。在废水中有机物含量大于2%时，超临界水氧化过程可以实现自热，不需外界供给能量以维持反应，因而 SCWO 技术是在不产生有害副产物情况下，彻底有效降解废物的一种新方法。

Yukihiko Matsumura 等研究在 25MPa、400℃ 条件下向活性炭填充反应堆通入 1∶1 的氧气，试验表明 65% 的氧气被用于氧化苯酚，降解的效果良好。盐类在超临界水中溶解性较低，在处理含盐废水过程中盐类易析出形成沉淀，从而导致反应器堵塞，因此超临界水氧化法不宜处理盐类浓度较大的废水。由于该法在高温高压条件下进行，对设备的要求较高。

### 2.1.2 除盐技术

去除稠油采出水中的盐类的主要技术有离子交换技术、膜分离技术、蒸发技术、冷冻除盐技术等。

（1）离子交换技术。

离子交换法是利用离子交换剂与溶液中的阳离子或阴离子进行交换，进而除去某些阳离子或阴离子的方法。常用的离子交换剂为离子交换树脂，它主要由高分子骨架和活性基团组成。活性基团由不能自由移动的官能团离子和可以自由移动的可交换离子两部分组成，牢固地结合在高分子骨架上。官能团离子决定离子交换树脂的"酸""碱"，可交换离子与溶液中的阳离子、阴离子发生交换反应，如图 2.1.7 所示。

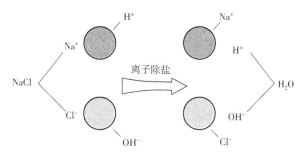

图 2.1.7　离子交换树脂工作原理

水的离子交换软化仅要求除去水中的硬度离子，主要是 $Ca^{2+}$ 和 $Mg^{2+}$；而化学除盐则必须把水中全部的成盐离子（阳离子、阴离子）都除掉。所以在水的除盐过程中必须同时采用强酸性阳离子交换树脂和强碱性阴离子交换树脂，而且不能使用盐型树脂（在水处理中，有时将 R-Na、R-Cl 一类的树脂称为盐型树脂）。因为盐型树脂虽然可以除去水中原来的成盐离子，但又生成新的成盐离子，使水的含盐量基本不变。

① 两级强酸钠离子交换树脂串联。

离子交换技术在油田高含盐采出水中的软化工艺中得到了广泛的应用，大多数处理系统都是采用两级强酸钠离子交换串联，第一级树脂床去除大部分硬度，第二级树脂床将第一级树脂床出水中处于微量的 $Ca^{2+}$ 全部去除，确保出水的硬度为 0。强酸钠离子交换树脂的化学结构通常为苯乙烯和二乙烯基的磺化聚合物，水中的 $Ca^{2+}$、$Mg^{2+}$ 与树脂上的 $Na^+$ 进行离子交换而得以去除，采用 NaCl 再生。该方法运行成本较低，因此得到广泛应用。

② 一级强酸二级弱酸。

当水中 TDS 为 5000~8000mg/L 时，应采用强酸钠离子交换与弱酸离子交换相结合，才能确保出水硬度小于 1mg/L 的要求。强酸钠离子交换作为第一级处理，去除大部分的硬度且可使再生费用降到最低，然后再进入第二级弱酸离子交换器进行最后处理，确保出水硬度达标。

弱酸阳离子交换树脂的化学结构通常为丙烯二乙烯基苯母体的羧酸结构，该树脂对 $Ca^{2+}$、$Mg^{2+}$ 具有很强的选择性，因此它可有效地去除强酸钠离子交换树脂不能去除的残余硬度。但这种方法运行费用较高，需要两步再生。首先用 HCl 再生，用 $H^+$ 去除 $Ca^{2+}$、$Mg^{2+}$，然后用 NaOH 将氢型转变为钠型。弱酸树脂的酸碱再生的费用高出强酸树脂盐再生费用的好几倍。

③ 两级弱酸树脂串联。

当采出水中的 TDS 大于 8000mg/L，强酸树脂对硬度的去除非常有限，先强酸后弱酸树脂软化也变得不实用，此时可供选择的办法就是两级弱酸树脂串联。尽管该技术可将高的采出水中的硬度降至 0，但再生费用昂贵。

虽然离子交换技术可较好地去除水中的 $Ca^{2+}$、$Mg^{2+}$，但不论是强酸还是弱酸树脂，它们对二氧化硅的去除均没有明显的效果。离子交换树脂再生时，树脂上的 $Ca^{2+}$、$Mg^{2+}$ 就进入再生液中（如盐、酸或碱），这些再生废液可注入地层，但含 $Ca^{2+}$、$Mg^{2+}$ 的再生废液会堵塞地层，因此严格限制再生废液注入地层。在强酸树脂和弱酸树脂系统，树脂的再生、反洗和清洗等过程所需的水量分别占处理水总量的 10%~15%、5%~10%。

（2）膜分离技术。

近年来，随着膜材料技术的发展，采用膜工艺去除油和悬浮物已引起较高的重视。膜分离技术是指在外力驱动下，利用各组分的渗透速率差来进行分离。膜分离是利用一张特殊制造的具有选择透过性能的薄膜，在外力推动下对混合物进行分离、提纯、浓缩的一种方法。这种膜必须具有有的物质可以通过、有的物质不能通过的特性。物质透过分离膜的能量可以分为两类，一种是借助外界能量，物质发生由低位向高位流动，另一种是以化学位差为推动力，物质发生由高位向低位的流动，常用于油田采出水处理的膜分离技术为微滤（MF）、超滤（UF）、纳滤（NF）、反渗透（RO）和电渗析（ED），其分离过程的推动力和分离机理见表 2.1.2、表 2.1.3。

**表 2.1.2　主要膜分离过程的推动力**

| 推动力 | 膜过程 |
|---|---|
| 压力差 | 反渗透、超滤、微滤、气体分离 |
| 电位差 | 电渗透 |
| 浓度差 | 渗析、控制释放 |
| 浓度差(分压差) | 渗透气化 |
| 浓度差加化学反应 | 液膜、膜传感器 |

**表 2.1.3　主要水处理膜过程的分离机理**

| 膜过程 | 分离体系 相1 | 分离体系 相2 | 推动力 | 分离机理 | 渗透物 | 酸留物 | 膜结构 |
|---|---|---|---|---|---|---|---|
| 微滤 | L | L | 压力差 (0.01~0.2MPa) | 筛分 | 水、溶剂溶解物 | 悬浮物、颗粒、纤维和细菌(0.01~10μm) | 对称和不对称多孔膜 |
| 超滤 | L | L | 压力差 (0.1~0.5MPa) | 筛分 | 水、溶剂离子和小分子(相对分子质量<1000) | 生化制品、胶体和大分子(相对分子质量为1000~300000) | 具有皮层的多孔膜 |
| 纳滤 | L | L | 压力差 (0.5~2.5MPa) | 筛分+溶解/扩散 | 水和溶剂(相对分子质量<200) | 溶质、二价盐、糖和染料(相对分子质量200~1000) | 致密不对称膜和离子交换膜 |
| 反渗透 | L | L | 压力差 (1.0~10.0MPa) | 溶解/扩散 | 水和溶剂 | 全部悬浮物、溶质和盐 | 致密不对称膜和离子交换膜 |
| 电渗透 | L | L | 电位差 | 离子交换 | 电解离子 | 非解离和大分子物质 | 离子交换膜 |
| 渗析 | L | L | 浓度差 | 扩散 | 离子、低相对分子质量有机质、酸和碱 | 相对分子质量大于1000 的溶解物和悬浮物 | 不对称膜和离子交换膜 |
| 渗透蒸发 | L | G | 分压差 | 溶解/扩散 | 溶质或溶剂(易渗透组分的蒸汽) | 溶质或溶剂(难渗透组分的液体) | 复合膜和均质膜 |
| 膜蒸馏 | L | L | 温度差 | 气液平衡 | 溶质或溶剂(易气化与渗透的组分) | 溶质或溶剂(难汽化与渗透的组分) | 多孔膜 |
| 气体分离 | G | G | 压力差 (1.0~10.0MPa) 浓度差(分压差) | 溶解/扩散 | 易渗透的气体和蒸汽 | 难渗透的气体和蒸汽 | 复合膜和均质膜 |

续表

| 膜过程 | 分离体系 | | 推动力 | 分离机理 | 渗透物 | 酸留物 | 膜结构 |
|---|---|---|---|---|---|---|---|
| | 相1 | 相2 | | | | | |
| 液膜 | L | L | 化学反应与浓度差 | 反应促进和扩散传递 | 电解质离子 | 非电解质离子 | 载体膜 |
| 膜接触器 | L | L | 浓度差 | 分配系数 | 易扩散与渗透物质 | 难扩散与渗透的物质 | 多孔膜和无孔膜 |
| | G | L | 浓度差（分压差） | | | | |
| | L | G | 浓度差（分压差） | | | | |

注：分离体系中 L 表示液相，G 表示气相或蒸汽。

膜分离技术的研究始于 20 世纪 60 年代，起初主要应用于海水淡化，目前应用领域已扩展到很多工业当中。经过几十年的探索，膜技术的核心问题集中在膜材料的开发，研究耐污染、高效的膜材料对膜技术的推广应用起到很大的推动作用。日本在这方面做了大量的研究，一方面开发了耐热、耐溶剂的高分子膜，另一方面无机膜由于耐高温、耐腐蚀等特点，使其开发研究也越来越引起重视。在有机膜方面由聚醚砜和聚酰亚胺树脂制造的滤膜有很好的耐热性、耐溶剂性，而且处理效果好；在无机膜方面，陶瓷膜、金属膜也已开发出小孔径滤膜，在工业方面的应用前景十分广阔。

① 反渗透。

反渗透脱盐技术主要是利用半透膜的透水性，对水溶液加压（1~10MPa），把水分子压到膜的另一侧，从而来清除溶解离子等溶质。反渗透又称逆渗透，是一种以压力差为推动力，从溶液中分离出溶剂的膜分离操作，由于这一过程与自然渗透的方向相反，故称反渗透。反渗透技术普遍用于油田采出水中高浓度盐的去除。反渗透主要有纤维素和非纤维素两类，其中纤维素膜有醋酸纤维素、三醋酸纤维素等，非纤维素膜主要有芳香族聚酰胺膜。反渗透膜在使用时要制成组件式装置，其型式有涡卷式、管式、板框式、中空纤维式和条束式等，膜厚为几微米至 0.1mm。

② 电渗析。

电渗析膜是离子交换膜，为电力推动式滤膜，在膜的两边施加一直流电场。电解质离子在电场的作用下，会迅速地通过膜，进行迁移，这就是电渗析（ED）。ED 的脱盐，主要基于含盐水在直流电场的作用下，在阴阳离子交换膜和隔板组成的电渗析槽中流过，发生离子迁移。阴阳离子分别通过阴阳离子交换膜，从而达到除盐的目的。

③ 超滤、微滤及纳滤。

微滤（MF）、超滤（UF）和纳滤（NF）广泛用于油田采出水中油和悬浮物的去除。含有油和悬浮物的进水沿轴向流入多孔管，清水沿管壁径向流出。MF 管壁孔径为 0.1μm 到几微米，而 UF 管壁孔径更小，小于 0.01μm，它们的出水基本不含悬浮油。MF 的膜通量（单位膜面积通过的流量）大于 UF，但 MF 比 UF 更易受到污染。UF 与 MF 膜是由不同种类的有机聚合物或无机材料制作而成的，包括醋酸纤维素、纤维素三醋、聚砜、聚丙烯、聚酰亚胺、氧化铝、锆氧化物、钛氧化物、不锈钢和玻璃钢等。另外可提供不同型号的膜，包括平板式的和管状式的等。典型的处理系统包括几个模块、循环泵、进水箱、浓缩物箱、出水箱等。

（3）蒸发技术。

蒸发技术通常用于稠油采出水的脱盐处理，即采出水被加热蒸发为水蒸气，水蒸气经过换热之后又被冷凝为淡水，从而达到脱盐降硬的目的。蒸发技术依据所用能源、设备和流程不同可分为多级闪蒸（MSF）、多效蒸发（MED）和机械蒸汽压缩（MVC）等。

① 多级闪蒸。

多级闪蒸（MSF）是 20 世纪 50 年代末发展起来的，迄今应用最广、规模最大、成熟程度最高的海水淡化技术。1957 年英国学者 R. S. Silver 发明了多级闪蒸海水淡化方法，开创了蒸馏法的一个新里程。由于 MSF 工艺加热过程与蒸发过程分开进行，海水结垢倾向大为减小，所需热源仅为低压蒸汽，热能被重复利用，系统能耗大幅度降低。同时，MSF 整体性好，易于大型化，因而自其诞生之日起，发展非常迅猛，一跃而成为海水淡化技术的主力，其装置建设规模和淡水产量至今仍居于主要地位。1990 年国际原子能委员会认定多级闪蒸技术是技术最成熟，应用最广泛的海水淡化技术。

为提升多级闪蒸系统的热力性能，各国研究者对多级闪蒸进行大量的实验和研究，随后多级闪蒸系统经过了一系列的优化得到大量的完善。多级闪蒸技术不断向前发展，多级闪蒸系统中加入实时清洗系统，使得停车和酸洗次数得到有效减少。报道显示部分多级闪蒸工厂，可以通过维护来延长系统寿命和提高操作性能。目前多级闪蒸以其操作弹性较大，结构简单紧凑，不易结垢等优点，在海水淡化、石化、造纸等各个行业被广泛应用，许多地区尤其是海湾地区广泛采用多级闪蒸工艺对水进行净化处理。Emad Ali 介绍对多级闪蒸的稳态模型进行稳定性分析，同工厂实际稳态运行数据做比较确认了模拟的可靠性，其结论显示稳态分析对分析系统经济的操作运行条件有帮助，对多级闪蒸系统的控制同样有帮助。I. Janajreh 介绍通过对多级闪蒸系统中的除沫器进行数值模拟，研究了其压降与流动的变化规律，结果表明其模拟效果与实验结果非常吻合，由此可以得出对其模拟十分合理。

② 多效蒸发。

在传统的蒸发浓缩技术中，单效蒸发是最简单的一种，外部向系统提供一次蒸汽作为热源，系统蒸发产生的二次蒸汽不用来使物料进一步蒸发，而用冷却水进行冷凝排出，其系统流程如图 2.1.8 所示。

多效蒸发技术指的是将多个降膜蒸发器串联起来，将具有一定温度和压力的蒸汽通入蒸发器的一侧（若是水平管降膜蒸发器，蒸汽将会被通入蒸发器的管侧，若是竖直管降膜蒸发器，蒸汽则会被通入蒸发器的壳侧），将要处理的水通入蒸发器的另一侧。在温差的作用下，蒸汽放热，被冷凝成液体作为产出液排出蒸发器。水则在蒸发器内受热蒸发，蒸发出的二次蒸汽进入下一效蒸发器，作为下一效蒸发器的蒸汽源。而蒸发剩余的海水浓度增加，从第一效排出后进入第二效，作为第二效蒸发器的蒸发液。以后各效依次进行上述蒸发冷凝过程。最后一效的浓缩液排出系统，蒸汽则被冷凝器冷凝成液体。收集各效排出的凝结水，即为处理所得的淡水。多效蒸发系统流程如图 2.1.9 所示。

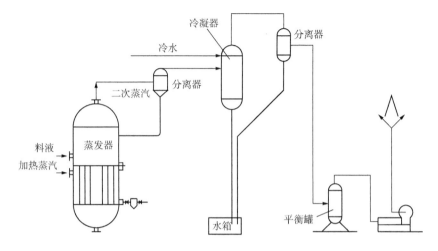

图 2.1.8　单效蒸发系统流程图

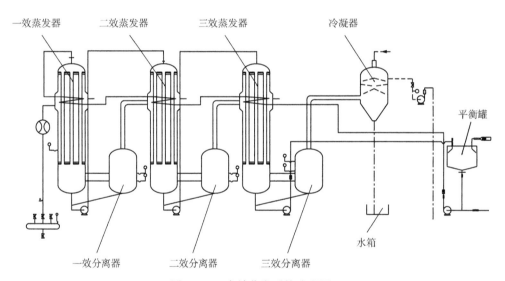

图 2.1.9　多效蒸发系统流程图

多效蒸发可以回收蒸发蒸汽中的热量。多效蒸发器内存在温差和压差，且都有一定的真空度。温差能够保证蒸汽和海水之间有足够的换热效率，一定的真空度可以确保原料水处于沸腾状态，压差维持淡水不断流出。为解决多效蒸发存在的结垢和腐蚀问题，发展了低温多效蒸发技术。低温下大大减少了设备的结垢和腐蚀；由于蒸发温度低，换热器可以选用低价材料，同样的投资规模，可以得到更多的换热面积，提高了造水比，降低产水的成本。

2010 年，针对辽河油田采出水处理技术和 SAGD 开采中蒸汽产生过程存在的技术问题，孙绳昆借鉴加拿大 SAGD 开采技术，在辽河油田曙一区开展了降膜蒸发法处理超稠油采出水的先导试验研究。试验水样经过重力沉降和浮选预处理工艺，并辅以投加一定量的化学试剂以后作为蒸发系统的给水，由于试验规模较小，因此采用小型蒸汽锅炉代替蒸汽压缩机为系统提供热源。在进行了连续 21 天的试验之后发现：降膜蒸发管的结垢程度很小，管壁上只有极少量的沉淀物；在进料水中加入苛性钠改善了蒸发管的结垢情况；先导试验得到的净化水部分指标不能满足 GB/T 12145—2016《火力发电机组及蒸汽动力设备水汽质量》汽包锅炉给水标准，该标准是针对火力发电机组而言，我国尚无油田热采专用的汽包锅炉给水标准，鉴于油田热采对蒸汽品质的要求可能与火力发电厂不同，因此可以认为净化水水质满足回用要求。

2012 年，同济大学邹龙生等进行了竖管降膜蒸发器处理稠油污水的试验研究。稠油污水在混合池中加入一定量的 pH 值调节剂、阻垢剂和消泡剂后被泵送到降膜蒸发器内进行蒸发。试验对传热系数及蒸馏水品质的影响因素进行了研究，研究结果表明：系统传热系数随着污水蒸发负荷、循环线速率以及传热温差的增加而降低；除了油含量以外，蒸馏水的其他杂质指标均满足注汽锅炉给水要求，稍做去油处理即可作为锅炉给水，表明了此热回收系统具有非常好的实际应用价值。

③ 机械蒸汽压缩。

机械蒸汽压缩工艺是海水蒸馏淡化系统中的一个分支。这种工艺始于 20 世纪 40 年代，在此后的 30 年中，由于种种原因，未能得到长足进展，只是到了 20 世纪 70 年代初，机械蒸汽压缩才渐渐被人们所承认，并迅速发展起来。尽管这种工艺在整个淡化系统中数量上占的比重并不大，但其增长速度却是其他系统所不能比拟的，就其产量而论，每 3 年时间大致可增长 1 倍。机械蒸汽压缩系统具体流程如图 2.1.10 所示。

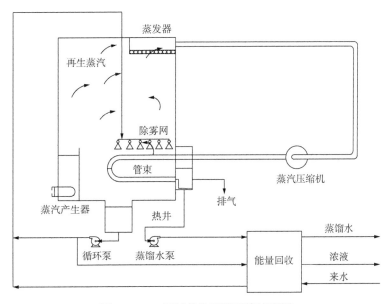

图 2.1.10 机械蒸汽压缩系统流程图

机械蒸汽压缩之所以迅猛发展，主要是由于造水成本较低。其原因是高效离心式压缩机的研制成功，克服了以往重量大、速度慢的弱点，以及机械密封技术的提高确保了压汽机运行的可靠性和产水质量。另外，传热技术的提高也为压汽蒸馏技术创造了必不可少的条件，新型蒸发器传热温差的缩小，低压工作的省能耗，结构上的简化，都为压汽蒸馏技术的飞跃奠定了基础。

2008 年，胜利油田曾选择孤五、孤六和垦西站的 3 个水样，送往美国 RCC 公司实验室进行了采用机械压缩蒸发技术处理油田采出水的室内模拟试验，试验结果表明：处理后各项水质指标可达到注汽锅炉用水要求，产水率高达 90%。

（4）冷冻除盐技术。

在冷冻除盐工艺中，含盐水冷却至凝固点，一部分水发生冷凝形成冰晶，一部分成为浓缩液，然后这些结晶体从浓缩液中分离出来，通过冷冻和消融实现除盐。可采用真空冷凝、热交换间接冷却和添加冷冻剂直接冷却等不同的技术实现含盐水的冷冻除盐。WTC 对冷冻除盐技术的研究认为，稠油采出水的冷冻除盐，真空冷凝工艺是最具吸引力的。该工艺是采用真空降低稠油采出水的沸点，使其沸点与冷凝点相同。当形成蒸汽时，热量从稠油污水中去除，一部分水形成冰晶。蒸汽冷凝成为除盐水，而冰晶从浓缩液中分离经过消融后又成为另一部分的除盐水。采用真空冷凝工艺对加拿大西部稠油采出水的除盐进行了中试，在中试期间，碰到了一系列问题，主要是两方面：一是设备的设计不合理，比如真空冷凝室的空气泄漏和冰晶清洗室失灵；二是稠油采出水中的油和发泡剂难于控制。中试结果表明该项技术应用于稠油采出水的除盐还需要做进一步的研究。

## 2.2 国内外稠油采出水处理工艺

国内外典型稠油油田有加拿大冷湖油田、美国吉利油田、加拿大狼湖油田、辽河油田和胜利油田等，不同油田开发时期不同，选用的采出水处理技术组合不同。

### 2.2.1 加拿大冷湖油田采出水处理工艺

加拿大冷湖油田于 1964 年开始采用蒸汽驱开采稠油，1978 年将稠油采出水回用于热采锅炉，生产干度为 80%、压力为 14MPa 的蒸汽注入地层。冷湖油田进热采锅炉所需水量大约为 $5.2 \times 10^3 m^3/d$，该站设计采用气浮和砂滤除油，采用热石灰和离子交换去除采出水中的硬度。

冷湖油田采出水采用气浮—热石灰软化—离子交换处理工艺，工艺流程示意如图 2.2.1 所示，主要包括气浮、热石灰软化及两级弱酸离子交换技术。油田采出水首先进入除油罐，进口投加反相破乳剂，出水进入诱导式气浮（IGF），此过程也投加反相破乳剂，主要去除非溶解性油和悬浮固体（SS）。IGF 出水进入砂滤，主要去除悬浮油和悬浮物，确保后段设备正常运转。砂滤出水进入热石灰软化系统，主要去除硬度和 $SiO_2$。热石灰软化稠油采出水回用于热采锅炉处理技术研究的温度控制在 100~110℃，采用污泥循环、pH 值调节和镁剂除硅。热石灰软化出水进入无烟煤过滤，进一步去除 SS。采用两级弱酸离子交换器串联将剩余硬度降至 1mg/L。处理后的典型水质见表 2.2.1（总硬度以 $CaCO_3$ 计），满足注汽锅炉的给水水质。

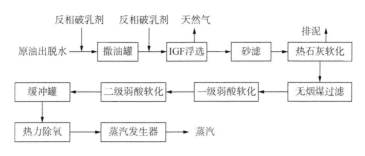

图 2.2.1 加拿大冷湖油田稠油采出水处理流程

**表 2.2.1 冷湖油田稠油采出水处理后的典型水质**

| TDS(mg/L) | SS(mg/L) | SiO$_2$(mg/L) | 总硬度(mg/L) | 非溶解性油(mg/L) | pH 值 |
|---|---|---|---|---|---|
| 7000 | 33 | 50 | 1 | 0 | 10 |

注：总硬度以 CaCO$_3$ 计。

## 2.2.2 美国吉利油田采出水处理工艺

美国吉利油田采用蒸汽吞吐方式开采稠油，稠油采出水处理规模为 16000m$^3$/d，油田采出水采用浮选—混凝沉降罐—硅藻土过滤处理工艺，工艺流程如图 2.2.2 所示。首先利用导气浮(LAF)进行处理，出水自流至混凝沉降罐，向混凝沉降罐中投加反相破乳剂和高分子助凝剂进行破乳和絮凝，初步除油和悬浮物，同时具备缓冲功能。沉降罐出水进入溶气气浮(DAF)进一步除油；为避免污染树脂和锅炉结垢，溶气气浮出水通过缓冲罐后进入硅藻土过滤器，出水中非溶解性油和悬浮物可降至 0mg/L。硅藻土用量为 6.5t/d，过滤周期为 25h，最大压差为 350kPa。过滤出水通过缓冲罐直接进入两级钠离子交换器，树脂再生主要根据出水硬度确定，当第一级离子交换出水硬度为 10mg/L 时需要再生，再生采用 NaCl，每立方米树脂再生的盐耗量为 160kg，一级离子交换树脂再生需盐量为 50t/d，再生废液注入地层，最终出水用泵通过管线输送到各个注汽站。各级处理设施出水水质见表 2.2.2。

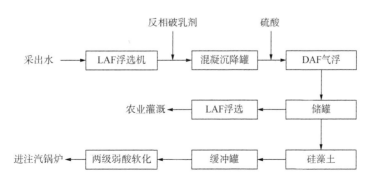

图 2.2.2 美国吉利油田稠油采出水处理流程

表 2.2.2　吉利油田稠油采出水处理后的典型水质

| 水质指标 | SS(mg/L) | 总硬度(mg/L) | 非溶解性油(mg/L) |
|---|---|---|---|
| 来水 | 200 | 110 | 200 |
| LAF 气浮机 | 100 | 110 | 20 |
| 沉降罐 | 80 | 110 | 10 |
| DAF 气浮机 | 0 | 110 | 5 |
| 过滤 | 0 | 110 | 0 |
| 软化 | 0 | 0 | 0 |

注：总硬度以 $CaCO_3$ 计。

### 2.2.3　加拿大狼湖油田采出水处理工艺

狼湖油田属于 BP 公司，蒸汽驱所需水量大约为 $18000m^3/d$。狼湖油田稠油采出水处理采用浮选—温石灰软化—离子交换处理工艺，流程如图 2.2.3 所示，与冷湖油田相比，主要的区别在于石灰软化系统，冷湖油田采用的是热石灰软化，狼湖油田采用温石灰软化，温度控制在 $60\sim75℃$。处理后典型水质见表 2.2.3，满足注汽锅炉的给水水质。

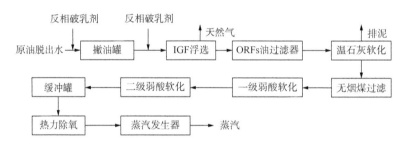

图 2.2.3　狼湖油田稠油采出水处理工艺流程

表 2.2.3　狼湖油田处理出水水质

| TDS(mg/L) | $SiO_2$(mg/L) | 总硬度(mg/L) | 非溶解油(mg/L) | pH 值 |
|---|---|---|---|---|
| 6000 | 50 | 1 | 0.1 | 10 |

注：总硬度以 $CaCO_3$ 计。

### 2.2.4　辽河油田采出水处理工艺

近年来，辽河油田针对稠油采出水的深度处理技术进行了大量研究，逐步形成了适合生产特点的稠油采出水深度处理工艺。其中辽河油田欢三联稠油采出水处理站设计规模为 $2.0×10^4m^3/d$，2002 年 11 月投产，其采出水处理采用混凝沉降—气浮—多级过滤—弱酸软化处理工艺，工艺流程示意如图 2.2.4 所示。

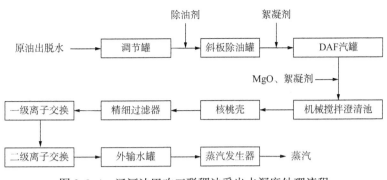

图 2.2.4　辽河油田欢三联稠油采出水深度处理流程

采用 2 座 5000m³ 调节水罐（并联）来保证水量和水质的缓冲调节，采用斜板除油罐除油，再经高效 DAF 浮选机去除油和悬浮物，这种先除油后除悬浮物的方式强化了除油，充分发挥溶气浮选承前启后的关键作用。接着采出水进入核桃壳过滤器，其滤料表面多微孔，吸附能力较强，具有较好的除油和截污特性。初滤采用核桃壳过滤器，体外搓洗，精滤采用多介质过滤器，投加助滤剂进行微絮凝精细过滤，利用鼓风机对滤料进行表面和深层辅助清洗。采出水最后经离子交换树脂进行降硬处理，大孔弱酸树脂交换容量大、抗污染能力强，适合稠油采出水中硬度的去除，软化采用一级大孔弱酸树脂固定床软化工艺。目前该处理站工艺自控设置完善，具备所有池、罐的液位检测和报警、各段进出水流量计量和所有转动设备在线监测，处理水质达到热采锅炉用水水质要求，设计水质见表 2.2.4。

表 2.2.4　欢三联稠油采出水处理站处理出水水质

| 水质指标 | SS (mg/L) | SiO₂ (mg/L) | 总碱度 (mg/L) | 总硬度 (mg/L) | 非溶解油 (mg/L) |
|---|---|---|---|---|---|
| 原水 | 300~400 | 50~100 | 1500~2000 | 70~100 | 500~1000 |
| 出水 | 1.80 | 41 | 1800 | 未检出 | 0.18 |

注：总硬度以 $CaCO_3$ 计。

### 2.2.5　胜利油田采出水处理工艺

胜利油田对于热采稠油油田开发产生的油田采出水的处理，采用气浮—多介质过滤—离子交换处理工艺，其核心是采用"氮气气浮"处理技术，典型流程为油站来水，进一次除油罐除油，进入氮气气浮机，然后进缓冲罐，通过提升泵进入过滤器过滤。该工艺用于热采稠油油田开发产生的油田采出水，油水密度差小于 0.05g/cm³，来水含油不大于 1000mg/L，SS 不大于 100mg/L，经处理后出水可以控制含油不大于 15mg/L，SS 不大于 5mg/L，粒径中值不大于 3.0μm。

此外胜利油田借鉴美国、加拿大采出水回用的成功经验和先进技术，于 1999 年 12 月建成投产了国内第一座也是最大的一座油井采出水回用于湿蒸汽发生器的大型泵站——乐安采出水深度处理站，它解决了采出水排放达标的问题并节约了大量资源。

乐安采出水深度处理站主要流程工艺为"气浮—机械搅拌澄清—多介质过滤—弱酸离子交换"。处理站设有四台气浮装置，是该站来水所经过的第一道流程。气浮上部与氮气回收储罐连接，防止空气中氧气进入系统增加含氧量，在顶部建立气顶，保证其稳压操作且采用氮气循环操作。经气浮处理后，含油指标由 50mg/L 降至 5mg/L 以下，出水进入澄清池。加速澄清池是采出水深度处理站的中心环节，处理量为 $1.5 \times 10^4 m^3$。此过程可将采出水的硬度从 767mg/L 降至 50mg/L，含油量从 5mg/L 降至 2mg/L，$SiO_2$ 从 150mg/L 降至 50mg/L。采出水随后进入多介质过滤罐，罐内设有不同粒径的多介质滤床，滤料采用不同直径的石英砂和无烟煤，每一层滤料的密度和粒径均不同，顶层为无烟煤、中间是石英砂、底层为粗砾石，通过多介质滤料可除去来水中的悬浮固体和分散油。最后采出水经弱酸离子交换软化器进行软化，离子交换树脂为小的多孔球粒，是聚合的有机羧酸。树脂为钠离子形式树脂，当含有钙镁离子的水通过树脂时，进行离子交换，水被软化，当全部钙镁离子被饱和后，必须再生恢复到钠形式。稠油采出水经一系列工艺处理后，其设计水质见表 2.2.5。

**表 2.2.5　乐安稠油采出水处理站的设计水质**

| $\rho(SiO_2)$<br>（mg/L） | $\rho(Fe)$<br>（mg/L） | 总硬度<br>（mg/L） | $\rho$（非溶解性油）（mg/L） | pH 值 | 含氧 | 浊度<br>（mg/L） | 碱度<br>（mg/L） |
|---|---|---|---|---|---|---|---|
| 0~100 | 0.05 | 0.1 | 2 | 9.5~11 | 不超进口 | 0.1 | <2000 |

注：总硬度以 $CaCO_3$ 计。

## 2.3　稠油采出水处理技术发展方向

稠油采出水的处理是一项系统工程，必须要对其进行全方位的研究。虽然油田采出水处理技术不断完善，但是影响水质达标的诸多因素也逐渐凸显，需要积极引进新型的处理技术，以促进油田生态的可持续发展。油田采出水成分比较复杂，采出水中油分含量及油在水中存在形式也不相同，且多数情况下常与其他废水相混合，处理难度大，油田稠油采出水处理技术发展方向如下：

（1）开发高效处理药剂。

近年来，为了处理乳化程度较高的油田采出水和针对油田采出水而开发的无机化合物与有机高分子化合物的复配和新型氧化剂等高效处理药剂，通过降低油田采出水的黏度使油水分离，进而使油珠凝聚，从而达到除油的目的。目前开发高效处理药剂已经成为水处理药剂研究的一个新方向。

（2）电混凝法处理油田采出水。

电混凝法主要过程是铝或铁作为电极在直流电的作用下，产生 Fe 系或 Al 系的有絮凝作用的离子(如产生 $Fe^{3+}$、$Al^{3+}$ 等离子),这些离子经过一系列水解、聚合等过程形成多种羟基络合物,进而形成使水中的胶体物质和悬浮性物质发生絮凝,絮凝成较大颗粒的高分子多核羟基络合物与氢氧化物,从而使含油污染物从废水中沉降出来达到净化废水的效果。而且在此过程中带电的杂质颗粒在电场中运动,也可促进聚凝达到净化废水的效果。废水进行电解絮凝处理时,不仅对胶态杂质及悬浮杂质有较好的处理效果,由于阳极的氧化作用和阴极的还原作用,此方法也能去除水中多种污染物。

(3)生物处理技术。

生物处理技术被认为是未来最有前景的采出水处理技术,近年来随着基因工程技术的长足发展,以质粒育种菌和基因工程菌为代表的高效降解菌种的特性研究和工程应用是今后采出水生物处理技术的发展方向。

(4)生物膜处理法。

生物膜处理法也是膜处理方法的一种,是膜处理法与生物处理法的结合,也可以用于处理油田采出水。除此之外,膜技术还可以与很多其他技术相结合变成新的处理方法,对油田采出水均有较好的处理效果,比如与聚结技术结合起来的方法就有很好的破乳作用,也是今后油田采出水处理技术中的一个发展方向之一。

(5)采出水处理耦合工艺。

针对当前采出水处理现状,做好技术的改进工作,针对浮选法、水力旋流以及絮凝等方面,应积极应用新设备和新技术,尝试多种采出水处理工艺的耦合作用,最大限度发挥其集成作用效果,从根本解决油田采出水处理的瓶颈问题。

(6)先进设备的研制和新技术的应用。

高效油水分离装置、光催化氧化技术、电絮凝技术、高级氧化技术、超声波处理技术和循环流化床处理技术等先进设备及技术的研究也是今后油田水处理的研究重点。

# 3 新疆油田稠油采出水净化软化处理技术

新疆油田稠油采出水处理除净化工艺外，还包括除硅工艺和软化工艺。净化工艺采用离子调整旋流反应处理技术以及气浮技术。离子调整旋流反应处理技术主要通过重力沉降、化学反应、混凝沉降、压力过滤等技术，去除油、悬浮物、水中结垢与腐蚀因子；气浮技术主要采用溶气气浮、压力过滤等技术集成工艺。除硅工艺采用化学混凝技术，在碱性条件下，投加一定浓度的除硅剂，能够降低水的硬度生成硅酸钙等物质，再通过投加净水剂和助凝剂对水中的胶体粒子进行絮凝和架桥，从而来达到除硅目的。软化工艺采用固定床软化，软化树脂采用强酸钠离子交换树脂。

## 3.1 离子调整旋流反应净化处理技术

风城油田稠油处理 B 站采出水处理系统设计规模为 $40000m^3/d$。采用"离子调整旋流反应法处理技术"，工艺流程为：重力除油—混凝反应—过滤，处理达标后净化水经软化后回用油田注汽锅炉。

### 3.1.1 技术原理

离子调整旋流反应法处理技术即是利用混凝反应动力学机理，采用混凝沉降工艺、管道破乳、微涡旋混凝沉降、小间距斜板分离、等面积配水及收水、等摩阻穿孔管排泥、流量环变频等新技术对稠油采出水进行处理。其核心是采用离子调整的方法，向采出水中加入以钙、镁等为主要成分的离子调整剂，调整水中有关离子的含量，除掉或减少某些引起腐蚀、结垢的离子，增加某些促进稳定的离子，并利用配套的工艺技术来实现破乳除油、除悬浮物、控制腐蚀结垢、净化和稳定水质的目的。图 3.1.1 为离子调整旋流反应净化工艺流程图。

（1）水质净化。

通过向稠油采出水中投加化学药剂使细小悬浮颗粒和胶体微粒聚集成较粗大的颗粒而沉淀，得以与水分离，从而使采出水得到净化。采出水中的细小悬浮颗粒和胶体微粒重量很小，尤其胶体微粒直径为 $10^{-3} \sim 10^{-8}mm$。这些颗粒受水分子热运动的碰撞而作无规则的布朗运动，同时胶体微粒本身带电，同类胶体微粒带有同性电荷，彼此之间存在静电排斥力，因此不能相互靠近以结成较大颗粒而下沉。另外，许多水分子被吸引在胶体微粒周围

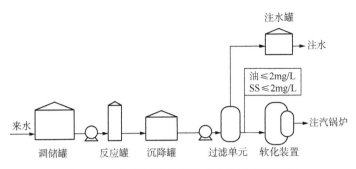

图 3.1.1 离子调整旋流反应净化工艺流程图

形成水化膜,阻止胶体微粒与带相反电荷的离子中和,妨碍颗粒之间接触并凝聚下沉。因此,采出水中的细小悬浮颗粒和胶体微粒不易沉降,总保持着分散和稳定状态。

通过破坏胶体的稳定性使胶体颗粒沉降,促使胶体颗粒相互接触,成为较大的颗粒,该过程叫作胶体颗粒的脱稳作用。向采出水中加入带相反电荷的药剂,使其与胶体颗粒之间产生电中和作用,即向带负电的胶体中加入金属盐类电解质后,立即电离出阳离子,进入胶团的扩散层。同时,扩散层中增加阳离子浓度可以减小扩散层的厚度而降低 Zeta 电位,所以电解质的浓度对压缩双电层有明显作用。另外电解质阳离子的化合价对降低 Zeta 电位也有显著作用,化合价越高效果越明显。因此常向采出水中加入与水中胶体颗粒电荷相反的高价离子,使得高价离子从扩散层进入吸附层,以降低 Zeta 电位。

(2)水质稳定。

利用标准平衡电位和热力学常数(自由焓)可判断金属的腐蚀倾向。通过调整 $HCO_3^-$,使中性水变为弱碱性水,当把 pH 值调整至 9.0 后,$H^+$ 的浓度下降两个数量级,电位 E 降低,$\Delta G$ 升高,从热力学上说明金属被腐蚀的倾向降低了。因此,通过水质改性使 pH 值提高到一定范围有可能抑制金属的腐蚀。

pH 值对金属的腐蚀速度影响较大,pH 值由 7.0 上升时,由于 $H^+$ 浓度降低,氢的去极化过程减弱,腐蚀速度降低。当 pH 值不小于 7.0 后,腐蚀主要由氧的去极化作用控制。当 pH 值在 8.5~12.5 之间时,氢和氧的去极化作用都减至最弱,主要是由于 $Fe(OH)_3$ 膜或 $Fe_2O_3$ 的形成并覆盖于金属表面,使腐蚀速度变慢。pH 值在 8.5~12.5 为钝化区,无论水中有氧还是无氧,Fe 不会腐蚀。pH 值在 8.5 以下时,根据水的电位不同,可能出现腐蚀、钝化,当电位低于 -0.62V 时,不腐蚀也不钝化。pH 值大于 12.5 时,电位较低的情况下会发生腐蚀,电位较高时会出现钝化,假定 pH 值为 7.0 时,Fe 可能正好位于腐蚀区,这时可通过提高电位,采用电化学的阳极保护,进入钝化区,也可降低电位,采用阳极保护进入惰性区,另外还可通过提高 pH 值的化学法,进入钝化区。

一般认为,提高 pH 值可以控制腐蚀,但结垢倾向增加。在 20 世纪 60 年代,国内油田就采用加碱提高 pH 值抑制腐蚀,但均因严重结垢而终止。究其原因是去掉了腐蚀因子,增加了成垢因子。水质改性思路是在提高 pH 值、去掉腐蚀因子的同时,将成垢离子调整到不结垢的范围,既达到控制腐蚀,又抑制结垢的双重目标,这就是水质改性与加碱提高

pH 值控制腐蚀的本质区别。

水质稳定是通过加入一定量的离子调整剂，使水的 pH 值升高至 8.0~9.0 的同时，去除水中的 $HCO_3^-$，这就相当于去除了成垢离子 $CO_3^{2-}$，这是因为 $HCO_3^-$ 在一定条件下可转化为 $CO_3^{2-}$，而且水中的成垢离子 $Ca^{2+}$、$Mg^{2+}$ 总量也略有下降。另外，其他的成垢离子如 $\Sigma$ Fe、$S^{2-}$ 也基本被除掉，不稳定的因素基本被消除。转化生成的少量 $CO_3^{2-}$ 和水中 $Ca^{2+}$ 达到溶解平衡。

### 3.1.2　技术效果影响因素

离子调整旋流反应技术的关键影响因素包括旋流分离器的结构、来液物性、离子调整剂以及加药控制四个方面。

（1）旋流分离器结构。

针对生产现场需要，优化旋流管工艺结构参数，包括进口直径、溢流口直径、尾管直径、尾管长度和锥度 5 个参数。结果表明增加尾管长度，减小溢流口直径可以有效提高旋流分离效率。图 3.1.2、图 3.1.3 为不同尾管长度和不同溢流口直径下入口流量与分离效率的关系。

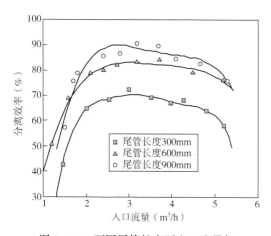

图 3.1.2　不同尾管长度下入口流量与分离效率关系

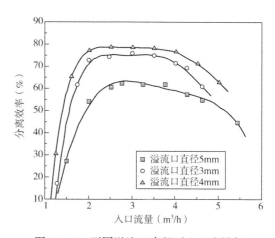

图 3.1.3　不同溢流口直径下入口流量与分离效率关系

由图 3.1.2 可看出，随着尾管长度的增加，旋流器分离效率提高，这是因为：①尾管长度增加、长径比增大，延长了油滴在旋流器中的停留时间，使更多的油滴有足够的时间迁移至中心，由溢流口排出，从而提高了分离效率；②尾管长度的增加，使得尾管内油心受底流口附近湍流、涡流的影响减弱，稳定性增加。试验发现，当尾管较短时，中心油柱在底流口附近处于不稳定状态，出现了明显的"湍流弥散"现象，使旋流器分离效率下降；当尾管加长，中心油柱末端弥散现象趋于不明显，使得旋流器分离性能得到改善。

当尾管加长到一定长度后，中心油柱尾端旋转强度显著减弱、角动量不足，一个明显的特征是出现"摆尾"现象，这在某种程度上会影响分离效率。试验中通过在尾管末端增加一锥段结构来弥补角动量不足，结果中心油柱摆尾现象明显减弱，旋流器分离效率升高，同时压降略有上升。

由图 3.1.3 可看出，在不同的溢流口直径下，当溢流率达到一定值后，分离效率相差不大，最明显的区别在曲线拐点位置，即最佳溢流率不同。溢流口直径影响的原因可认为是空气柱的作用。试验中，在底流无背压或背压较低情况下，溢流口直径越大，空气柱越粗；逐渐增大底流背压时，小溢流口的空气柱首先消失，中心形成很细的油柱，从溢流口排出。因而，较小溢流口直径有利于分离。当然，溢流口直径的选择还应考虑入口液体含油量的大小。

（2）来液物性。

来液物性包括入口含油量、油水密度差、油滴粒径等。入口含油量高，碰撞、拦截和拖拽作用增强；油滴粒径增大，旋流器分离效率升高（图 3.1.4、图 3.1.5）。

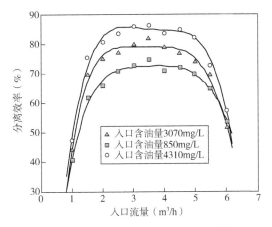

图 3.1.4　不同入口含油量下入口流量与
分离效率关系

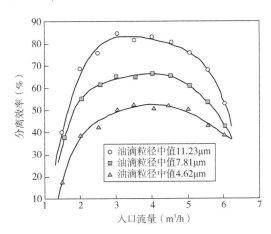

图 3.1.5　不同入口油滴粒径下入口流量与
分离效率关系

由图 3.1.4 可看出，随入口流量的增加，旋流器分离效率增加。溶解态油含量固然对旋流器的分离性能有影响，但不会是主要原因。因为即使是在乳化状态下，能够以溶解态存在于水中的油所占比例相当小，不会明显影响旋流器的分离效率。主要是在低质量浓度进料情况下，旋流器内部相近的液滴之间存在着碰撞、拦截和拖拽等相互作用，这种相互作用影响了旋流器的分离效率。对于除油型旋流器来说，内部液滴之间的相互作用又直接影响了油滴的聚结。含油量较大时，碰撞、拦截和拖拽作用增强，油滴的聚结作用变强，油滴粒径变大，分离易于实现，从而使得分离效率升高。

由图 3.1.5 可看出，所选择的旋流器结构分离效果较好，随入口油滴粒径的增大，旋流器分离效率升高。当进料油滴粒径为 $11 \sim 13 \mu m$ 时，分离效率可达 80% 以上，当进料粒径低至 $5 \mu m$ 左右时，分离效率也能达到 60% 左右。

（3）离子调整剂。

将离子调整剂以不同浓度加入稠油采出水中，用 Zeta 电位仪测定不同药剂及浓度对颗粒电位值的影响及变化,见表 3.1.1、表 3.1.2。加入 A 与 B 组分后,胶体颗粒的 Zeta 电位值的电负性逐渐变小。随着各组分药剂量的增加,胶体颗粒的电负性呈变小的趋势。同时表明:乳化油与悬浮微粒形成的胶体体系的稳定性被破坏,从而使乳化油破乳、悬浮微粒相互碰撞聚并长大,形成大的颗粒后沉降下来。

表 3.1.1 调整剂 A 组分加药浓度对 Zeta 电位的影响

| A 组分加量(mg/L) | B 组分加量(mg/L) | C 组分加量(mg/L) | Zeta 电位(mV) |
| --- | --- | --- | --- |
| 50 | 100 | 10 | −9.615 |
| 100 | 100 | 10 | −7.272 |
| 150 | 100 | 10 | −5.463 |
| 200 | 100 | 10 | −5.482 |
| 250 | 100 | 10 | −6.022 |

表 3.1.2 调整剂 B 组分对 Zeta 电位的影响

| A 组分加量(mg/L) | B 组分加量(mg/L) | C 组分加量(mg/L) | Zeta 电位(mV) |
| --- | --- | --- | --- |
| 150 | 50 | 10 | −6.422 |
| 150 | 100 | 10 | −5.463 |
| 150 | 150 | 10 | −4.628 |
| 150 | 200 | 10 | −4.320 |
| 150 | 250 | 10 | −3.819 |

(4)加药控制。

在药剂筛选合适、工艺设计合理的前提下,处理后的水质能否达标的关键环节是加药控制。常规做法是采用计量泵加药,加药泵的排量一般是一次性调好后不再变动,这种加药方法适用于采出水处理系统水量均衡、药罐中药液浓度稳定的情况,而实际运行过程中采出水处理系统的水量是波动的、药罐中药液浓度也不可能一成不变,通常导致所投加的药剂与水量不匹配,达不到采出水处理的理想投加量,处理后水质难以持续稳定达标。

通过分析常规加药方式中的弊病,将加药方式改为根据来水量大小自动调整加药量,即把水量信号作为变频器的主控制信号,把加药反应后的浊度作为辅助控制信号,实现了按需加药,避免了药剂浪费,保证了水质连续稳定达标。

### 3.1.3 关键设备

离子调整旋流反应法处理技术主要设备是多功能反应罐。多功能反应罐(图 3.1.6)内部结构由内筒及外筒两部分组成:内筒是反应器(图 3.1.7),外筒是沉降分离区;反应器将旋流、波板、棚条等高效反应形式结合起来,首先通过喷嘴产生旋流,提供宏观涡流的动能,采出水过渡到微涡旋,为絮体的有效碰撞并结大提供最佳条件,使絮凝速度和效率得以提高，每一段的速度梯度能够满足前与混合、后与沉淀相衔接的要求。外筒的环形空间中部是泥渣接触过滤沉淀分离区，下部是泥渣沉淀浓缩区，上部是清水区(兼浮渣分离)。反应器的设计一般采用 4 个腔：离子调整除油腔、絮体核心形成腔、絮体长大腔及絮体网捕与分离腔。各腔的尺寸及参数由计算与试验确定，一般各腔的停留时间与速度梯度均不一样。

图 3.1.6　旋流反应罐现场照片　　　　　图 3.1.7　反应器现场照片

当采出水以设定的射流速度进入第一个腔时，加入离子调整剂，旋流反应，形成初步的破乳。反应完成后，以设定的射流速度进入第二个腔，加入 pH 值调整剂，旋流反应，形成凝聚质点。最后以设定的射流速度进入第三个腔，加入助凝剂，旋流反应，水体在腔内缓慢旋转，以利絮体长大。长大的絮体经过反应器底部已经陈化的浮动污泥层时被吸附，大大提高了分离效果。整个反应分离时间不超过 60min。药剂的加入通过自动控制系统根据水量和水质适时自动加入，产生的污泥通过自动控制系统适时自动从反应器底部排出，出水水质中含油不大于 20mg/L、悬浮物不大于 20mg/L。

## 3.2　气浮净化处理技术

风城油田稠油处理 A 站采出水处理系统总规模为 30000m³/d，其中 2008 年建成处理规模为 20000m³/d 的采出水处理系统，采用"重力除油+混凝反应沉淀+压力过滤"工艺，处理达标后净化水经软化后回用油田注汽锅炉。由于采出水量的不断增加，采出水处理能力不能满足生产要求，2011 年在联合站新建 1000m³/d 的采出水处理系统，采用"气浮"工艺，工艺流程为：重力除油+气浮+压力过滤，处理达标后净化水经软化后回用油田注汽锅炉。

### 3.2.1　技术原理

在井场和转油站分离出的采出水含油量指标偏高(一般大于 500mg/L)，需要进行一次高效处理。气浮除油技术克服一般除油技术的缺陷，将预分水与采出水除油功能有机集成于同一橇装装置内，在高效预分水的同时，强化除油功能，改善出水水质，从而简化预分水和采出水处理工艺，实现就地预分水、就地处理，减少占地和改造投资，大幅降低能耗和运行费用，提高经济效益，其工艺流程图如图 3.2.1 所示。

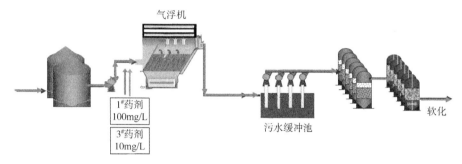

图 3.2.1 气浮净化技术工艺流程图

在现有研究中，水力旋流器具有占地面积小、质量小、效率高、投资低、易于安装和维修等优点，欧美国家的海上油田广泛将其用作预分水器；除油技术大体分为自然沉降、混凝沉降、气浮、旋流、过滤等，其中溶气气浮具有处理效率高、净化效果好、工况稳定、能将采出水含油降到 50mg/L 以下等优点，是应用最广泛的除油技术之一。因此，可选用水力旋流器进行预分水，选用溶气气浮进行污水除油，结合斜板聚结等技术进行科学集成，形成一体化预分水除油技术及装置。对于水力旋流器，需优化参数，克服其出水水质波动大的缺点。

对于溶气气浮，在集输系统压力为 0.3MPa 条件下，采出水中溶解的伴生气含量达到 5%~7%，超过正常溶气气浮溶气含量 1%~5% 的标准值，具有良好的气浮条件，室内实验装置将充分利用这些伴生气对油田采出水进行气浮净化，即实现自溶气气浮净化，在自溶气气量不足的情况下，可辅以二级气浮，保证除油效果。

### 3.2.2 技术效果影响因素

气浮净化工艺技术的效果影响因素主要有：（1）来液组分，来液中絮凝颗粒的大小、含油量、含盐量以及固体悬浮物的含量均会影响气浮净化的效果；（2）气泡大小，小气泡浮升速度慢，容易捕捉油滴，而大气泡浮升速度快，易破裂；（3）气水比，气水比越大，气泡数量越多，油滴、絮凝颗粒附着在气泡上的机会随之增加，净化效果会有所提高；（4）气浮剂的用量，气浮剂具有混凝、破乳、发泡和助浮等多种作用，因此气浮剂的筛选和用量十分关键。

风城油田稠油处理 A 站为研究气浮机的处理效果，选取设备处于高负荷运行、处理阶段的水质处理数据进行统计分析，如图 3.2.2、图 3.2.3 所示。

在来液含油油，悬浮物含量严重超标时，通过加大气浮加药量、加快刮渣机刮渣速度、增加气浮底部排泥频率，及时将上部浮渣及底部沉泥排除，避免气浮出水携渣，保证气浮出水达标。

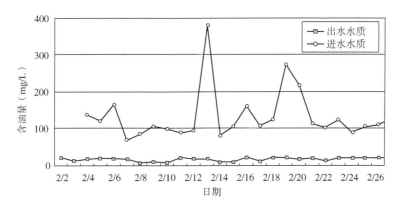

图 3.2.2　2012 年气浮装置进出水含油量对比曲线

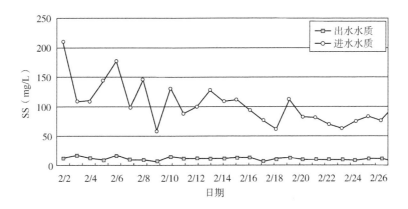

图 3.2.3　2013 年气浮进出水水质曲线

### 3.2.3　关键设备

气浮净化工艺技术的主要设备是溶气浮选机。其主要由气浮罐、静态混合器、循环水泵和喷射器组成，气浮罐是整套设备的核心部分。新疆油田采用溶气气浮装置，该装置通过高压回流溶气水减压产生大量的微气泡，使其与采出水中密度接近于水的固体或液体微粒黏附，形成密度小于水的气浮体，在浮力的作用下，上浮至水面，进行固—液或液—液分离。图 3.2.4 为溶气气浮装置结构图。

来液经预处理后从调储罐出来进入气浮装置，在进水室，采出水和气水混合物中释放的微小气泡(气泡直径范围为 30~50μm)混合。这些微小气泡黏附在采出水中的絮体上，形成密度小于水的气浮体。气浮体上升至水面凝聚成浮油(或浮渣)，通过刮油(渣)机刮至收油(渣)槽。在进水室中，较重的固体颗粒在此沉淀，通过排砂阀排出，系统要求定期开启排砂阀以保持进水室清洁；采出水进入气浮装置布水区，快速上升的粒子将浮到水面；上升较慢的粒子在波纹斜板中分离，一旦一个粒子接触到波纹斜板，在浮力的作用下，它能够逆着水流方向上升；所有重的粒子将下沉，下沉的粒子通过底部刮渣机收集，通过定期开启排泥阀排出。图 3.2.5 为气浮机现场照片。

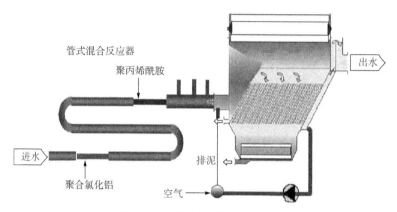

图 3.2.4　溶气气浮装置结构图

图 3.2.5　气浮机现场照片

## 3.3　除硅处理技术

常用的除硅处理技术有化学混凝法、离子交换法、电凝聚法、反渗透法、气浮法、超滤法等。在水处理工艺中，化学混凝法是应用比较广泛和普遍的一种处理方法，也是处理成本较低的一种处理方法。根据水中溶解硅和胶体硅的特性，在水中加入一种带正电胶体的高价离子，使其发生电中和，降低吸附层和水溶液间的电位差，生成硅酸盐沉淀而除去。因此化学混凝除硅是利用某些金属氧化物或与硅的吸附、凝聚或絮凝达到除硅目的的一种物理化学方法。化学混凝除硅对原水的悬浮物、有机物及胶体物质等杂质都有去除效果，对水质净化有促进作用。化学混凝除硅方法操作管理简单，是目前国内外应用最普遍、最广泛的采出水处理方法。

综合以上除硅方法的优缺点，结合现场采出水处理工艺和水质条件，新疆油田选用化学混凝的除硅方法。如果除硅工艺放在净化工艺的后端，则必须进行二次净化，因此将除硅工艺设计在净化工艺的前端。

### 3.3.1 技术原理

化学混凝法适用于过热锅炉给水除硅，其原理是利用除硅药剂与高分子净水药剂的协同作用，提高采出水中的溶解硅和胶体硅的去除效率，除硅率可达到80%。

稠油采出水中的硅主要是以溶解性硅酸根和悬浮的二氧化硅两种形式存在，在碱性环境下悬浮二氧化硅全部转化成溶解性硅酸盐。除硅药剂在 pH 值为 10.5 的条件下形成硅酸钙、硅酸镁等硅酸盐沉淀，水中的硅以硅酸盐沉淀的形式加以去除。镁剂除硅及水质净化(碱铝)化学反应方程式如下：

$$SiO_2 + 2OH^- \longrightarrow H_2O + SiO_3^{2-}$$

$$HCO_3^- + OH^- \longrightarrow H_2O + CO_3^{2-}$$

$$Ca^{2+} + CO_3^{2-} \longrightarrow CaCO_3$$

$$Mg^{2+} + SiO_3^{2-} \longrightarrow MgSiO_3$$

$$Mg^{2+} + 2OH^- \longrightarrow Mg(OH)_2$$

$$Al^{3+} + 3OH^- \longrightarrow Al(OH)_3$$

另外也可通过钙剂和硫酸铝盐除去采出水中的硅，其反应与上述方程式同理。在除硅的过程中也可去除采出水中部分碳酸钙硬度，减轻后续软化系统的压力。

化学除硅除去的是采出水中的溶解硅，但对采出水中的胶体硅基本无去除能力。净水剂主要是去除采出水中的胶体硅，同时提高采出水的净化效果，其净化机理主要是从压缩双电层作用、吸附架桥作用和网捕作用三个方面发挥作用。

风城油田稠油处理 B 站采出水处理量约为 30000m³/d，水温为 85～95℃，矿化度约为 5000～6000mg/L，为碳酸氢钠水型。反应器出水硬度约为 70mg/L。油区来水进入采出水处理系统，通过 2 级串联调储罐重力除油后，出水含油、含悬浮均可低于 500mg/L，所以选择对调储罐出水进行除硅。调储罐出水二氧化硅约为 350mg/L，硬度约为 25mg/L。现场使用过程中，需投加 4 种药剂，分别为除硅剂 1#、除硅剂 2#、净水剂、助凝剂。除硅剂 1# 和除硅剂 2# 作用是对采出水进行除硅，除硅剂本身对水质净化有促进作用，在除硅反应过程中会产生较多的沉淀物质，需再投加净水剂和助凝剂进行水质净化。

采出水除硅流程为调储罐出水经反应提升泵先进入一级反应器进行除硅反应，在反应器进口投加除硅剂 1#，反应器中部投加除硅剂 2#，一级除硅反应器出水再分别进入二级反应器进行水质净化，在反应器进口投加净水剂，反应器中部投加助凝剂，二级反应器出水分别进入混凝反应罐进行混凝沉降，混凝反应罐出水进入混凝沉降罐，混凝沉降罐出水去过滤装置。处理工艺如图 3.3.1 所示。

### 3.3.2 技术效果影响因素

除硅技术处理的关键影响因素包括除硅药剂、加药浓度、pH 值、反应时间、温度、

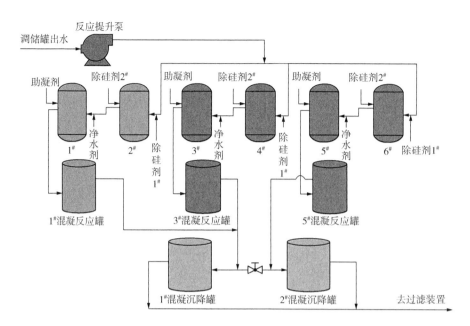

图 3.3.1　化学混凝除硅工艺流程

水质净化药剂浓度以及来水特性七个方面。

（1）除硅药剂的选择。

室内选用了 5 种药剂除硅，其中，1#药剂、2#药剂、1#药剂+2#药剂可以调节水的 pH 值，用风城油田稠油处理 A 站调储罐出水作为除硅用水，加药量均为 900mg/L，试验温度为现场水温 80℃，反应 1h 后进行水质净化，测定净化后水中二氧化硅。试验结果见表 3.3.1。

表 3.3.1　5 种除硅剂除硅试验结果

| 序号 | 药剂名称 | 加药量（mg/L） | 硅含量（mg/L） |
|------|----------|----------------|----------------|
| 1 | 1#药剂 | 900 | 203.6 |
| 2 | 2#药剂 | 900 | 213.0 |
| 3 | 1#药剂+2#药剂 | 900 | 210.7 |
| 4 | 3#药剂 | 900 | 215.9 |
| 5 | 4#药剂 | 900 | 211.3 |
| 6 | 5#药剂 | 900 | 208.2 |

注：（1）调储罐出水硅含量为 277.6mg/L。

　　（2）净水剂加药量为 100mg/L，助凝剂加药量为 2mg/L。

从表 3.3.1 试验结果来看，5 种除硅药剂单独使用时除硅效果均较差，除硅后的水中二氧化硅含量均在 200mg/L 以上。

由于 5 种除硅药剂单独使用时，除硅效果较差，因此考虑将除硅剂之间进行复配，考察其除硅效果。用风城油田稠油处理 A 站调储罐出水作为除硅用水，试验温度为现场水温80℃，反应 1h 后进行水质净化，测定净化后水中二氧化硅。试验结果见表 3.3.2。

表 3.3.2　除硅剂复配除硅试验结果

| 序号 | 药剂名称 | 加药量（mg/L） | 硅含量（mg/L） |
|---|---|---|---|
| 1 | 1#药剂/3#药剂 | 400/500 | 99.5 |
| 2 | 1#药剂/4#药剂 | 400/500 | 154.2 |
| 3 | 1#药剂/5#药剂 | 400/500 | 195.8 |
| 4 | 2#药剂/3#药剂 | 400/500 | 112.6 |
| 5 | 2#药剂/4#药剂 | 400/500 | 177.8 |
| 6 | 2#药剂/5#药剂 | 400/500 | 202.6 |
| 7 | 1#药剂+2#药剂/3#药剂 | 400/500 | 99.2 |
| 8 | 1#药剂+2#药剂/4#药剂 | 400/500 | 162.2 |
| 9 | 1#药剂+2#药剂/5#药剂 | 400/500 | 195.3 |

注：（1）调储罐出水硅含量为 277.6mg/L。

（2）净水剂加药量为 100mg/L，助凝剂加药量为 2mg/L。

由表 3.3.2 试验结果可以看出，通过除硅剂之间的复配，配方 1#药剂/3#药剂、2#药剂/3#药剂、1#药剂+2#药剂/3#药剂除硅效果较好，但这三种配方除硅后的水中硅含量仍在100mg/L 左右，硅含量依然较高，还需继续对三种配方进行相关优化研究。

为提高采出水除硅效率，进一步通过大量的室内除硅药剂配方筛选试验，在原配方基础上研制出三种新的除硅药剂配方，其除硅效果优于 1#药剂/3#药剂、2#药剂/3#药剂、1#药剂+2#药剂/3#药剂的复配效果，除硅后污水中硅含量小于 90mg/L。三种药剂配方分别命名为除硅剂 1#、除硅剂 2#、除硅剂 3#。

（2）pH 值对除硅效果的影响。

pH 值直接影响胶体硅转化成硅酸根的量，对化学除硅具有重要意义。图 3.3.2 是在不同 pH 值下三种配方的除硅效果，此时三种除硅配方的加药浓度是 500mg/L。

从图 3.3.2 试验结果可以看出，随着pH 值的升高，水中的二氧化硅去除效果越好，当 pH 值在 10.5 左右时，水中的二氧化硅含量不再有较大变化，所以除硅的最佳 pH 值为 10.5。

（3）加药浓度对除硅效果的影响。

① 除硅剂 1#加药量影响。

用风城油田稠油处理 A 站调储罐出水

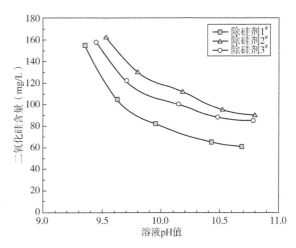

图 3.3.2　二氧化硅随 pH 值变化曲线

作为除硅试验用水，除硅剂 1# 加药量为 800mg/L、900mg/L、1000mg/L、1100mg/L、1200mg/L，试验温度为 80℃，反应 1h 后进行水质净化，测定净化后水中二氧化硅、钙离子、镁离子含量。试验结果见表 3.3.3。

表 3.3.3　除硅剂 1# 加药量优化试验结果

| 序号 | 加药量（mg/L） | 硅含量（mg/L） | 钙离子（mg/L） | 镁离子（mg/L） | 硬度（mg/L） |
| --- | --- | --- | --- | --- | --- |
| 1 | — | 268.9 | 9.15 | 1.76 | 30.1 |
| 2 | 800 | 158.3 | 35.26 | 0.66 | 90.8 |
| 3 | 900 | 123.6 | 40.09 | 0.72 | 103.1 |
| 4 | 1000 | 91.1 | 52.4 | 5.22 | 152.3 |
| 5 | 1100 | 64.3 | 66.09 | 3.2 | 178.2 |
| 6 | 1200 | 38.5 | 71.62 | 5.10 | 199.9 |

注：净水剂加药量为 100mg/L，助凝剂加药量为 2mg/L。

由表 3.3.3 试验结果可以看出，当除硅剂 1# 加药量为 1100mg/L 时，可将水中二氧化硅含量降至 64.3mg/L，除硅效果较好，但同时会使水中的硬度大幅度增加，给后续软化工艺带来较大负荷。

② 除硅剂 2# 加药量影响。

用风城油田稠油处理 A 站调储罐出水作为除硅试验用水，除硅剂 2# 加药量为 1100mg/L、1200mg/L、1300mg/L、1400mg/L、1500mg/L，试验温度为 80℃，反应 1h 后进行水质净化，测定净化后水中二氧化硅、钙离子、镁离子含量。试验结果见表 3.3.4。

表 3.3.4　除硅剂 2# 配方优化试验结果

| 序号 | 加药量（mg/L） | 硅含量（mg/L） | 钙离子（mg/L） | 镁离子（mg/L） | 硬度（mg/L） |
| --- | --- | --- | --- | --- | --- |
| 1 | — | 268.9 | 9.15 | 1.76 | 30.1 |
| 2 | 1100 | 107.3 | 3.22 | 1.12 | 12.7 |
| 3 | 1200 | 75.9 | 3.94 | 0.98 | 13.9 |
| 4 | 1300 | 59.1 | 6.10 | 1.82 | 22.7 |
| 5 | 1400 | 53.3 | 8.75 | 3.74 | 37.3 |
| 6 | 1500 | 41.1 | 8.86 | 6.88 | 50.5 |

注：净水剂加药量为 100mg/L，助凝剂加药量为 2mg/L。

由表 3.3.4 试验结果可以看出，当除硅剂 2# 加药量为 1300mg/L 时，可将水中二氧化硅含量降至 59.1mg/L，除硅效果较好。并且加药量在 1300mg/L 时，不会增加原水的硬度。

③ 除硅剂 3# 加药量影响。

用风城油田稠油处理 A 站调储罐出水作为除硅试验用水，除硅剂 3# 加药量为 1100mg/L、1200mg/L、1300mg/L、1400mg/L、1500mg/L，试验温度为 80℃，反应 1h 后进行水质净化，测定净化后水中二氧化硅、钙离子、镁离子含量。试验结果见表 3.3.5。

表 3.3.5　除硅剂 3# 配方优化试验结果

| 序号 | 加药量（mg/L） | 硅含量（mg/L） | 钙离子（mg/L） | 镁离子（mg/L） | 硬度（mg/L） |
|------|------|------|------|------|------|
| 1 | — | 268.9 | 9.15 | 1.76 | 30.1 |
| 2 | 1100 | 95.1 | 4.21 | 1.25 | 15.7 |
| 3 | 1200 | 67.8 | 6.63 | 1.75 | 23.8 |
| 4 | 1300 | 53.3 | 8.07 | 4.68 | 39.4 |
| 5 | 1400 | 46.3 | 9.50 | 5.49 | 46.3 |
| 6 | 1500 | 40.7 | 14.41 | 8.26 | 70.0 |

注：净水剂加药量为 100mg/L，助凝剂加药量为 2mg/L。

由表 3.3.5 试验结果可以看出，当除硅剂 3# 加药量为 1200mg/L 时，可使水中二氧化硅含量由 268.9mg/L 降至 67.8mg/L，除硅效果较好。并且在加药量在 1200mg/L 时，不会增加原水的硬度。

（4）软化后采出水除硅效果。

根据三种配方的试验结果，三种配方均具有较好的除硅效果，但除硅剂 1# 会大幅度增加水中的硬度，给后续软化水系统造成较大负荷。使用除硅剂 2# 和除硅剂 3# 在一定的加药浓度下，不仅具有较好除硅效果，还不会增加调储罐出水的硬度。

使用除硅剂 2# 和除硅剂 3# 对风城油田稠油处理 A 站软化水进行除硅，考察其除硅效果和对水的硬度的影响。试验温度为 80℃，反应 1h 后进行水质净化，测定净化后水中二氧化硅、钙离子、镁离子含量。试验结果见表 3.3.6。

表 3.3.6　两种配方软化器出水除硅效果

| 序号 | 药剂名称 | 加药量（mg/L） | 硅含量（mg/L） | 钙离子（mg/L） | 镁离子（mg/L） | 硬度（mg/L） |
|------|------|------|------|------|------|------|
| 1 | 原水 | — | 210.6 | 0 | 0.68 | 2.8 |
| 2 | 除硅剂 2# | 1100 | 99.8 | 0 | 1.26 | 5.2 |
| 3 | 除硅剂 2# | 1200 | 69.6 | 0 | 1.54 | 6.3 |
| 4 | 除硅剂 2# | 1300 | 52.1 | 0 | 2.09 | 8.6 |
| 5 | 除硅剂 2# | 1400 | 48.8 | 0 | 3.13 | 12.9 |
| 6 | 除硅剂 3# | 1100 | 83.5 | 1.52 | 1.27 | 9.0 |
| 7 | 除硅剂 3# | 1200 | 64.3 | 5.00 | 1.36 | 18.1 |
| 8 | 除硅剂 3# | 1300 | 56.2 | 5.91 | 3.68 | 29.9 |
| 9 | 除硅剂 3# | 1400 | 45.1 | 7.50 | 4.49 | 37.2 |

注：净水剂加药量为 100mg/L，助凝剂加药量为 2mg/L。

由表 3.3.6 试验结果可以看出，对软化器出水除硅，两种除硅剂均有较好的除硅效果，且相差不大。除硅剂 2# 不会增加水中的钙离子，但会增加水中的少量的镁离子，除硅剂 3# 使水中的钙离子、镁离子含量均增加。所以，若对软化器出水除硅，推荐采用除硅剂 2#。

对调储罐出水进行除硅，除硅剂 2# 和除硅剂 3# 在一定的加药浓度下均不增加原水中的硬度，但除硅剂 2# 较除硅剂 3# 价格贵，为节约成本，建议采用除硅剂 3# 对调储罐出水进行除硅。

（5）二氧化硅含量的影响。

风城油田稠油处理 B 站来水二氧化硅含量较风城油田稠油处理 A 站高，用除硅剂 3# 分别对风城油田稠油处理 A、B 站调储罐出水除硅，考察不同二氧化硅含量对除硅效果影响。试验温度为 80℃，反应 1h 后进行水质净化，测定净化后水中二氧化硅含量，试验结果见表 3.3.7。

表 3.3.7 二氧化硅含量对除硅效果影响

| 序号 | 加药量（mg/L） | 1#稠油处理站 | 2#稠油处理站 |
| --- | --- | --- | --- |
| 1 | 原水 | 245.3 | 364.7 |
| 2 | 1100 | 95.1 | 119.8 |
| 3 | 1200 | 64.3 | 98.6 |
| 4 | 1300 | 56.2 | 84.1 |
| 5 | 1400 | 46.3 | 62.6 |
| 6 | 1500 | 39.6 | 53.9 |

注：净水剂加药量为 100mg/L，助凝剂加药量为 2mg/L。

由表 3.3.7 试验结果可以看出，原水中二氧化硅含量越高，那么除硅剂加药量越大。

（6）反应时间对除硅效果的影响。

使用风城油田稠油处理 A、B 站调储罐出水作为试验用水，使用除硅剂 3#，稠油处理 A 站调储罐出水水温为 80℃，稠油处理 B 站调储罐出水水温为 85℃，反应温度依据现场温度，反应时间从 20min 到 60min，反应一定时间后，立即进行水质净化，净化后的水过滤测定二氧化硅含量。试验结果见表 3.3.8。

由表 3.3.8 试验结果可以看出，当反应时间为 40min 时，开始出现拐点，反应时间 40min 以后，二氧化硅去除量变化不大，所以确定除硅最佳反应时间为 40min。

（7）温度对除硅效果的影响。

使用风城油田风城稠油处理 A、B 站调储罐出水作为试验用水，使用除硅剂 3#，反应温度为 70℃、75℃、80℃、85℃、90℃，反应时间为 40min，反应一定时间后，进行水质净化，测定净化后水中二氧化硅含量。试验结果见表 3.3.9。

由表 3.3.9 试验结果可以看出，化学混凝除硅反应温度越高除硅效果越好。

（8）水质净化药剂浓度对除硅效果的影响。

主要考察水质净化药剂加药量对水质除硅效果的影响，但在考虑除硅效果同时也要考虑水质净化效果。使用风城油田稠油处理 B 站调储罐出水作为试验用水，试验温度为 85℃，反应 40min 后进行水质净化，净化后的水静置 10min，取水样测定其悬浮物和二氧化硅含量。试验结果见表 3.3.10。

**表 3.3.8 反应时间对除硅效果影响**

| 序号 | 反应时间（min） | 风城稠油处理 A 站、B 站不同反应时间时硅含量(mg/L) | |
|---|---|---|---|
| | | 除硅剂加药量为 1200mg/L | 除硅剂加药量为 1300mg/L |
| | | 80℃ | 85℃ |
| 1 | 20 | 88.6 | 94.5 |
| 2 | 30 | 75.1 | 84.1 |
| 3 | 40 | 62.3 | 74.2 |
| 4 | 50 | 57.2 | 71.9 |
| 5 | 60 | 54.0 | 68.4 |

注：（1）风城稠油处理 A 站调储罐出水硅含量为 247.4mg/L，风城稠油处理 B 站调储罐出水硅含量为 357.8mg/L。

（2）净水剂加药量为 100mg/L，助凝剂加药量为 2mg/L。

**表 3.3.9 反应温度对除硅效应影响**

| 序号 | 反应温度（℃） | 风城油田稠油处理 A 站、B 站不同反应温度时硅含量(mg/L) | |
|---|---|---|---|
| | | 除硅剂加药量为 1200mg/L | 除硅剂加药量为 1300mg/L |
| 1 | 70 | 75.7 | 93.4 |
| 2 | 75 | 69.2 | 88.2 |
| 3 | 80 | 65.0 | 78.9 |
| 4 | 85 | 62.3 | 74.2 |
| 5 | 90 | 58.7 | 64.9 |

注：（1）风城稠油处理 A 站调储罐出水硅含量为 247.4mg/L，风城稠油处理 B 站调储罐出水硅含量为 357.8mg/L。

（2）净水剂加药量为 100mg/L，助凝剂加药量为 2mg/L。

**表 3.3.10 水质净化药剂加药量对除硅效果影响**

| 序号 | 净水剂(mg/L) | 助凝剂(mg/L) | 二氧化硅(mg/L) | 悬浮物(mg/L) | 絮体状况 |
|---|---|---|---|---|---|
| 1 | 80 | 2 | 74.6 | 15.3 | 絮小、散、沉速慢 |
| 2 | 150 | 2 | 72.9 | 10.3 | 絮较大、实、沉速快 |
| 3 | 300 | 2 | 67.13 | 16.5 | 絮较大、较实、沉速较快 |
| 4 | 500 | 2 | 58.14 | 20.0 | 絮较小、较实、沉速较慢 |
| 5 | 150 | 3 | 70.71 | 15.4 | 絮较大、较实、沉速较快 |
| 6 | 150 | 5 | 67.47 | 18.9 | 絮较小、较散、沉速较慢 |
| 7 | 150 | 8 | 73.86 | 18.7 | 絮较小、较散、沉速较慢 |
| 8 | 150 | 10 | 79.04 | 24.4 | 絮较小、散、沉速较慢 |

注：（1）调储罐出水二氧化硅含量为 247.4mg/L。

（2）悬浮物含量为 543.8mg/L。

由表 3.3.10 和图 3.3.3、图 3.3.4 试验结果可以看出，净水剂加药量增加有利于除硅效果，但不利于水质净化效果，助凝剂加药量对除硅效果影响不大，综合考虑采出水除硅和水质净化效果，建议净水剂加药量为 150mg/L，助凝剂加药量为 2mg/L。

图 3.3.3　净水剂加药量对水质净化效果影响

图 3.3.4　助凝剂加药量对水质净化效果影响

（9）含油量对除硅效果的影响。

取风城油田稠油处理 B 站沉降罐出水和调储罐出水水样，两种水样以不同的比例混合，得到不同含油量的水样，考察水中含油对除硅效果的影响。除硅剂 3# 加药量为 1300mg/L，试验温度为 85℃，反应 40min 后进行水质净化，测定净化后水中二氧化硅含量。试验结果见表 3.3.11。

表 3.3.11　水中含油对除硅效果影响试验结果

| 序号 | 含油（mg/L） | 硅含量（mg/L） | | 除硅率（%） |
|---|---|---|---|---|
| | | 除硅前 | 除硅后 | |
| 1 | 167.5 | 353.7 | 65.5 | 83.3 |
| 2 | 227.6 | 357.6 | 67.8 | 82.6 |
| 3 | 384.3 | 358.4 | 68.2 | 82.3 |
| 4 | 513.3 | 360.6 | 71.9 | 81.3 |
| 5 | 644.7 | 368.8 | 82.6 | 78.0 |
| 6 | 836.7 | 369.2 | 95.8 | 74.1 |
| 7 | 1234.7 | 375.1 | 138.4 | 62.5 |
| 8 | 1681.8 | 384.5 | 172.4 | 52.2 |
| 9 | 2433.3 | 385.2 | 226.6 | 36.8 |
| 10 | 2861.2 | 389.4 | 248.9 | 30.4 |
| 11 | 3728.57 | 393.2 | 291.4 | 17.6 |

注：（1）沉降罐出水含油量为 3728.57mg/L，硅含量为 393.2mg/L。

（2）调储罐出水含油量为 167.5mg/L，硅含量为 353.7mg/L。

（3）净水剂加药为 150mg/L，助凝剂加药量为 2mg/L。

由表3.3.11试验结果可以看出，当水中含油量小于500mg/L时，含油量对除硅效果影响较小，所以，要保证较好的除硅效果，除硅系统来水水中含油量需小于500mg/L。

### 3.3.3 关键设备

除硅反应器是除硅工艺技术的关键设备，主要用于解决稠油采出水与除硅药剂的混合问题，可以提高化学反应速率，减少反应时间，充分发挥除硅药剂的药效，减少化学除硅药剂的投加量，避免除硅药剂剩余影响后端净水效果。风城油田使用的是DOS-10000除硅反应器，其工作压力为0.35MPa，温度为95℃，单台处理量为10000m³/d。图3.3.5为除硅反应器现场照片。

图3.3.5 除硅反应器现场照片

## 3.4 过滤处理技术

过滤技术是油田采出水处理的水质控制技术。过滤器是常见的过滤设备，有压力式和重力式两种。普遍采用的是压力式，主要包括石英砂过滤器、核桃壳过滤器、双层滤料过滤器等。近年来，纤维球、陶瓷、砾石滤料过滤器在新疆油田得到广泛应用。

### 3.4.1 技术原理

新疆油田过滤单元多采用两级过滤，一级过滤器为双滤料过滤器，滤料多采用"无烟煤—石英砂"和"无烟煤—金刚砂"，个别站滤料采用"核桃壳—金刚砂""石英砂—锰砂"和"石英砂—磁铁矿"；二级过滤器为多介质过滤器，滤料一般采用改性纤维球和精细滤料(核桃壳—石英砂—磁铁矿)。一级过滤器、二级过滤器进、出口设计指标见表3.4.1。

**表3.4.1 过滤器进、出口设计指标**

| 指标控制点位 | | 含油量(mg/L) | 含悬浮物量(mg/L) |
| --- | --- | --- | --- |
| 一级过滤器 | 进口 | ≤15 | ≤15 |
| | 出口 | ≤5 | ≤5 |
| 二级过滤器 | 进口 | ≤10 | ≤10 |
| | 出口 | ≤2 | ≤5 |

（1）一级过滤。

核桃壳过滤器的过滤材料为核桃壳，核桃壳经特殊处理，增加了其表面积、增强了吸附能力，因此，在实际应用过程中具有较高的去除率。同时，由于其具有亲水疏油的特点，在反冲洗过程中，搅拌增加了核桃壳间的摩擦，从而提高了脱附能力、再生能力，并且保证了过滤的稳定性与高效性；石英砂过滤器属于浅床过滤器，主要是利用滤料截留污水中的悬浮物及胶体等，由于石英砂的密度大、孔隙率小，对采出水中的悬浮物实现了有效的去除，通常情况下，多用于二级过滤。

随着单一滤料过滤器的不断发展与应用，逐渐出现了双滤料过滤器。对于石英砂过滤器而言，虽然其对悬浮物的处理效果较好，但通常情况下，仅适应于清水过滤，同时对油田采出水的处理效果欠佳。针对石英砂过滤器的不足，通过研究与实践，提出了双滤料过滤器，其对悬浮物与油均实现了有效的去除。

双滤料过滤器的工作机理为在不同孔隙率、不同颗粒粒径及不同吸附特性的滤层对水中的油与悬浮物进行吸附、筛除及迁移。双滤料过滤器的上层与下层分别采用轻质滤料与重质滤料，前者主要有核桃壳或无烟煤，后者主要有磁铁矿、石英砂与金刚砂等，在实际过滤过程中，采出水经上层轻质滤料流至下层重质滤料，先拦截了大颗粒悬浮物及油，后去除了小颗粒悬浮物，由于双滤料层结构具有一定的独特性，呈上轻下重型，并配合气、水反冲洗工艺，进而充分发挥了滤料的分层特点，并且通过反洗再生，保证了处理的效果(图3.4.1)。

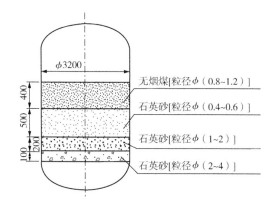

图 3.4.1  双滤料过滤器滤料装填示意图(单位：mm)

在过滤过程中，采出水流经不同级配的滤料组成的滤层，使其中的悬浮固体、污油等被逐级拦截；在反洗过程中，利用压缩空气与反洗水，使滤料得到了再生。

(2)二级过滤。

在低渗透油层方面，注水用精细过滤技术仍未能满足低渗透油层的注水需求。近几年，改性纤维球过滤技术快速发展并得到了广泛的应用，通过国内研发，提出了改性纤维球过滤器，其优点主要为占地面积小、处理精度高、再生能力强等，主要用于油田采出水精细过滤，其滤料为纤维球，其构成为特种纤维丝，经化学配方合成，此时的滤料具有亲水性。在实际应用过程中，主要为立式罐，使用机械搅拌方式进行反冲洗，此时充分发挥了改性纤维球的优势，其具有上松下紧滤层空隙结构好的特点，同时空隙分布状态良好，进一步拦截采出水中的悬浮物和含油，也是采出水过滤系统的保险，保证滤后水的水质达标且稳定。

与此同时，为了适应油田发展的需求，通过研究确定适合油田采出水净化处理的滤料材料、粒径、相对密度和滤床深度，提出了陶瓷滤料过滤器。与其他滤料过滤器相比，陶瓷滤料过滤器具有滤料抗污染能力强、不易污染板结、再生性能好、耐腐蚀、耐磨损、过滤阻力小、使用寿命长等优点，极大地改善了外输水质，在新疆油田应用中取得了较好的效果。

过滤工艺流程图如图 3.4.2 所示。

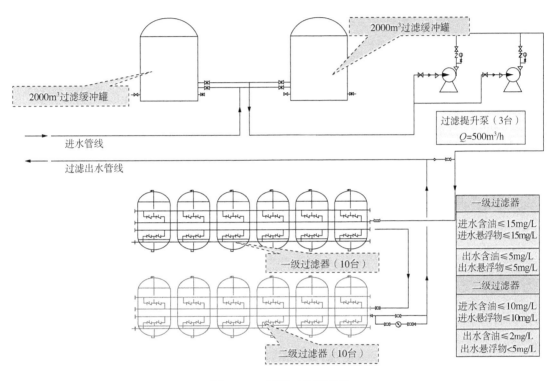

图 3.4.2　过滤工艺流程图

### 3.4.2　技术效果影响因素

过滤技术处理效果影响因素主要是滤料的堵塞失效，风城油田稠油处理 A 站采出水处理系统精细过滤器筛管经常堵塞，影响过滤器正常运行。经分析，精细过滤器筛管堵塞主要是采出水结垢或细菌滋生造成的，由于筛管缝隙仅有 0.07mm，即使较轻微程度的结垢，也会堵塞筛管缝隙。为保证系统正常运行，精细过滤器必须定期进行维护，平均每 30 天就需对过滤器清洗 1 次，为解决这一问题需对精细过滤器进行技术改造。将精细滤料（密度 4.2g/cm³ 和密度 3.0g/cm³）分别进行试验，图 3.4.3 和图 3.4.4 分别为实验图。

试验表明密度为 4.2g/cm³ 的精细滤料膨胀率 30% 时出现混层，膨胀率达到 40% 时混层现象明显。因此，密度较大的精细滤料不宜使用垫层。密度为 3.0g/cm³ 的精细滤料，膨胀率达到90%时仍未出现混层现象；气洗时精细滤料与垫层间分界仍然明显。因此，密度较小的精细滤料可以使用垫层。

图3.4.3 密度为4.2g/cm³的精细
滤料反洗情况(易混层)

图3.4.4 密度为3.0g/cm³的精细
滤料反洗情况

### 3.4.3 关键设备

过滤器是过滤技术的关键设备。当采出水流过过滤器内的过滤介质(过滤介质具有一定的孔隙)，采出水中的悬浮物就会被截留在滤层表面或内部进而被去除掉，当滤层中的截留物质过多而导致滤层拥堵时，导致水头损失增大，过滤效率降低，此时则需要对过滤器用清水对其进行反冲洗，其结构如图3.4.5、图3.4.6所示。因此，从一定程度上来说，滤层过滤过程的本质就是将水中的悬浮物质转移到滤料表面并附着在滤层表面，随后被截留除去的过程。

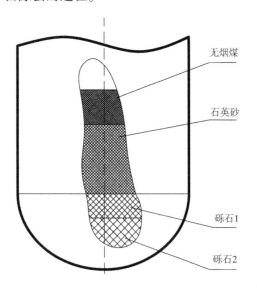

| 主要技术参数 | | |
|---|---|---|
| 额定处理量（m³/h） | 110×7（单罐110） | |
| 设计压力（MPa） | 0.6 | |
| 设计温度（℃） | 98 | |
| 过滤介质 | 含油污水 | |
| 滤料 | 无烟煤、石英砂 | |
| 反冲洗方式 | 气、水反冲洗 | |
| 滤罐公称直径（mm） | 3200 | |
| 最大运行功率（kW） | <70 | |
| 滤前水质要求 | 含油量(mg/L) | ≤20 |
| | 悬浮物含量(mg/L) | ≤20 |
| | 滤后水质要求 | |

图3.4.5 双滤料过滤器结构图

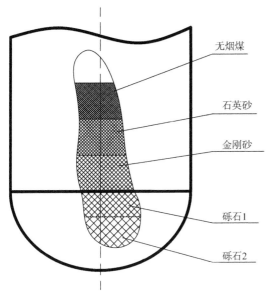

| 主要技术参数 | | |
|---|---|---|
| 额定处理量（m³/h） | | 110×7（单罐110） |
| 设计压力（MPa） | | 0.6 |
| 设计温度（℃） | | 98 |
| 过滤介质 | | 含油污水 |
| 滤料 | | 无烟煤、石英砂、金刚砂 |
| 反冲洗方式 | | 气、水反冲洗 |
| 滤罐公称直径（mm） | | 3200 |
| 最大运行功率（kW） | | <70 |
| 滤前水质要求 | 含油量(mg/L) | ≤10 |
| | 悬浮物含量(mg/L) | ≤15 |
| 滤后水质要求 | 含油量（mg/L） | ≤2 |
| | 悬浮物含量（mg/L） | ≤5 |
| | 外形尺寸（mm×mm×mm） | 34300×8155×5500 |
| | 设备净重（kg） | 246600 |
| | 工作重量（kg） | 395000 |

图3.4.6 多介质过滤器结构图

过滤器的主要结构可分为滤层和承托层，而其中的过滤介质对污水中悬浮物的去除过程又可以分为筛除作用和吸附作用。

## 3.5 采出水软化处理技术

新疆油田稠油采出水水质较复杂，矿化度为3000~5600mg/L，氯离子含量为2000~3000mg/L，COD为150~200mg/L，水温为60~90℃，同时还含有溶解油，所以相较于清水软化，稠油净化水软化要选用耐污染、易再生、耐高温、适应高COD、高矿化度的离子交换树脂及合适的软化工艺。目前新疆油田主要采用两级Na型大孔强酸树脂软化，NaCl再生工艺实现污水和清水的软化处理。其工艺流程如图3.5.1所示。

### 3.5.1 技术原理

水质软化采用固定床软化，再生为逆流再生，软化树脂采用强酸型钠离子交换树脂，该树脂采用NaCl再生。

（1）钠离子交换原理。

当含有钙离子、镁离子的生水，流经离子交换器中的钠离子交换剂层时，水中的钙离子、镁离子被交换剂中的钠离子所置换，从而将在锅炉中可能形成水垢的钙、镁盐类，转变为易溶性钠盐，而使水得以软化。用反应方程式表示如下：

$$Ca^{2+}+2NaR \Longrightarrow CaR_2+2Na^+$$

$$Mg^{2+}+2NaR \Longrightarrow MgR_2+2Na^+$$

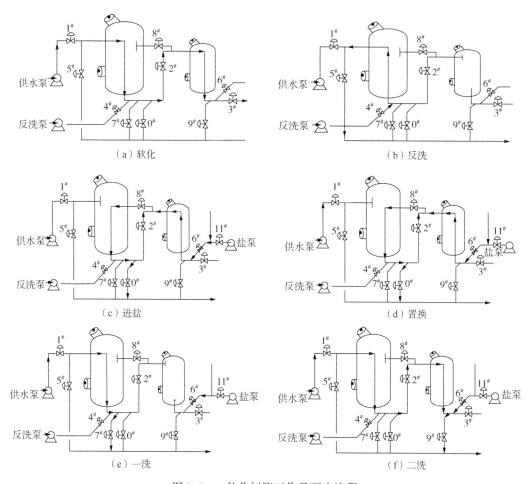

图 3.5.1　软化树脂工作及再生流程

式中：NaR 代表离子交换剂；Na$^+$ 代表交换剂中的交换离子；R 表示交换离子以外的母体部分，它并不参加反应。

（2）离子交换树脂层的交换工作。

在装有 Na 型树脂的离子交换柱中，自上而下通过含有 Ca$^{2+}$ 的水时，树脂层的变化可分为以下三个阶段：

① 交换带的形成阶段。

溶液一接触树脂开始发生离子交换反应，树脂越往上层 Ca$^{2+}$ 浓度越大，当水流至一定深度时，离子交换反应达到平衡。这时，从树脂上层交换反应开始至下层交换平衡为止，形成一定高度的离子交换反应区域，称为交换带或工作层。

② 交换带的移动阶段。

随离子交换反应的进行，离子交换逐渐向下移动，树脂层形成三个区域。交换带以上的树脂层为 Ca$^{2+}$ 所饱和，失去交换能力，称为失效层，接着是工作层，此层内上部钙型树脂，下部 Na 型树脂，水流经该层时，水中的 Ca$^{2+}$ 和树脂中的 Na$^+$ 进行交换；交换带以下

的树脂层是尚未反应的树脂，全为 Na 型，称为未交换层。

③ 交换带的消失阶段。

交换带沿水流方向向前移动，使失效层增大，未交换层缩小，当交换带下移到树脂层底部时，$Ca^{2+}$ 开始泄漏。继续运行时，交换带逐渐消失，出水中 $Ca^{2+}$ 浓度逐渐增加。当交换带完全消失时，出水中 $Ca^{2+}$ 浓度与进水中相等，整个树脂层全部失效。实际水处理中，微量 $Ca^{2+}$ 开始泄漏时就应及时停止工作，避免出水水质突然恶化，此时与工作层厚度相同的 $Na^+$ 型树脂称为保护层。

（3）离子交换树脂的再生。

① 再生原理。

在进行钠离子交换的过程中，当交换床软水的残留硬度超过水质标准规定时，则认为钠离子交换床已经失效，需要对交换床进行再生工作。对于失效的钠离子交换床，通常采用 6%~8% 的食盐水溶液对交换树脂进行再生：

$$R_2Ca + 2NaCl \rlap{=}{=} 2RNa + CaCl_2$$

$$R_2Mg + 2NaCl \rlap{=}{=} 2RNa + MgCl_2$$

食盐的主要性能：分子式为 NaCl，分子量为 58.44。物化性质：相对密度为 2.164，熔点为 801℃，沸点为 1465℃，白色四方结晶性粉末，微有溶解性，溶于水和甘油，其水溶液呈中性，不溶于醇和盐酸。

② 逆流再生。

树脂再生方式有动态和静态两种。在实际运行中一般都使用动态再生，动态再生有顺流再生（再生剂的流动方向与树脂工作的水流方向一致）和逆流再生（再生剂的流动方向与树脂工作的水流方向相反）。逆流再生具有明显的优越性，在再生剂耗量相同的条件下，逆流再生比较彻底，出水水质好。在同等再生效率下，逆流再生的再生剂耗量仅为顺流再生的一半。为进一步降低再生剂的消耗，可采用多柱串联式再生，以充分利用再生剂。当首柱再生率达 90% 时，次级柱的再生率约可达 65%，再其后约 30% 等。当把次级柱做首柱时，欲使其再生率达 90%，所需再生液只相当于原首柱的 60% 左右，依此类推，以后各柱只需原首柱再生液的 60% 且可使树脂得到充分再生。

### 3.5.2　技术效果影响因素

软化技术处理的关键因素是树脂的选型和来水水质两个方面。

（1）树脂选型。

树脂选型主要根据来水特点区分，针对稠油采出净化水主要选用 SST-60 浅薄壳型强酸阳离子树脂；针对清水，主要选用 001×7 强酸阳离子树脂。两种树脂具有不同的适应能力。表 3.5.1 为树脂性能参数对比。

由于 SST 浅薄壳型强酸阳离子树脂独特的结构和官能团，这种离子交换树脂具有惰性区域，只有外部带有功能基团，通过薄壳技术的应用减少扩散路径。每颗树脂外层所带的功能团的深度是一样的，这样可使再生剂更好地利用，再生效率高，交换容量大、泄漏少，具有耐高温，抗有机物、抗油污染的能力，目前该树脂广泛应用于普通稠油和超稠油采出净化水的软化处理，能够满足锅炉的给水指标。该树脂使用寿命约 3 年。

表 3.5.1　树脂性能参数

| 树脂类型 | 来水硬度（mg/L） | 粒径（mm） | 交换容量（mmol/g） | 再生周期（h） | 更换周期（年） |
|---|---|---|---|---|---|
| SST-60 | 60~140 | 0.40~1.25 | 3.8 | 16~24 | 3 |
| 001×7 | 130~150 | 0.40~0.6 | 1.9 | 15~18 | 5~7 |

001×7 强酸阳离子树脂在处理低矿化度、低温、有机物含量不高的清水时，具有良好的适应性，交换容量高、交换速度快、处理成本低，但在处理高温、高矿化度、含油的稠油净化水时存在耐温差、易破碎、易污染、难复苏等特点，不适合用于稠油净化水的软化处理。目前该树脂处理清水时使用寿命达到 5~7 年。

（2）来水水质。

风城采出水属于低钙镁、低碱度、$NaHCO_3$ 型水，其中 $SiO_2$ 含量在 300mg/L 左右，矿化度在 5600mg/L 左右，远高出锅炉回用水水质的相关要求。该水质软化前需采用除油、除硅及净化处理，水质数据见表 3.5.2。

表 3.5.2　风城油田超稠油采出水水质

| 检测项目 | 采出水来水 | 净化后水质 | 常规注汽锅炉指标 |
|---|---|---|---|
| pH 值 | 7.56 | 7.8 | 7.5~11.0 |
| $CO_3^{2-}$（mg/L） | 0 | 0 | —— |
| $HCO_3^-$（mg/L） | 330.97 | 348 | —— |
| $OH^-$（mg/L） | 0 | 0 | —— |
| $Ca^{2+}$（mg/L） | 55.36 | 47.7 | —— |
| $Mg^{2+}$（mg/L） | 1.69 | 0.6 | —— |
| $Cl^-$（mg/L） | 3069.1 | 3108 | —— |
| $SO_4^{2-}$（mg/L） | 72.29 | 116 | —— |
| $K^+ + Na^+$（mg/L） | 2083.89 | 2147 | —— |
| 矿化度（mg/L） | 5613.57 | 5766 | ≤7000 |
| 水型 | $NaHCO_3$ | $NaHCO_3$ | —— |
| 总硬度（以 $CaCO_3$ 计）（mg/L） | 145.44 | 122 | <0.1 |
| 悬浮物含量（mg/L） | 109 | 2 | <2 |
| 含油量（mg/L） | 296.6 | 2 | <2 |
| $SiO_2$（mg/L） | 287.5 | 100 | ≤50 |

### 3.5.3 关键设备

水质软化主要是在固定床软化，再生为逆流再生，软化树脂采用强酸钠离子交换树脂，软化技术关键设备是软化器和固定床。

（1）软化器。

为避免软化器再生进盐过程中浓盐水携带树脂进入布盐器，造成布盐器堵塞；再生置换时浓盐水将树脂携带至一级软化罐造成树脂漏失。在二级软化罐配水口加装了不锈钢筛管6根，筛管间隙为"V"形，采用鱼骨形均布安装，即最大限度降低了破损树脂卡在筛管缝隙之间，堵塞筛管的可能，又使得二级软化罐布水更为均匀，完全消除了树脂漏失，布盐器堵塞问题，软化器再生效率提高至5%，软化器制水量较改造前提高了20%。图3.5.2为软化器内部结构图。

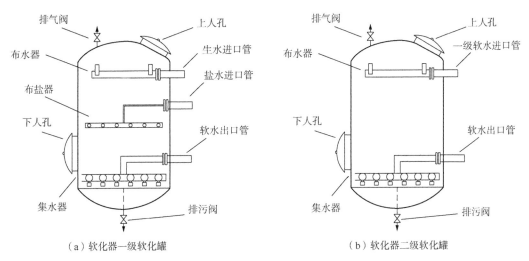

（a）软化器一级软化罐          （b）软化器二级软化罐

图 3.5.2　软化器内部结构图

目前软化器使用的强酸型离子交换树脂，具有粒径小、可吸附油污等特点，当采出水中含有一定量的悬浮物和溶解油时，离子交换树脂可以起到过滤和吸附作用。合理控制反洗时间和压力，及时清除油污，是防止油污积累造成离子交换树脂失效的有效手段，为此进行了不同压力、时间的反洗实验。运行三个月后开罐检查，未发现油泥在树脂上部积累，树脂没有变色、板结现象，也没有发现树脂漏失，说明反洗时间和压力是合理的。图3.5.3为软化器现场照片。

（2）固定床。

树脂颗粒相互沉积在一起紧密接触，颗粒之间仅有很小的空隙，树脂床层的空隙率与树脂的粒度分布有关。该树脂床的优点是吸附效果好，树脂床层是静止状态。固定床主要是利用溶液在树脂间的运动，实现树脂与溶液的接触，操作中应当尽可能避免沟流造成的溶液短路，提高树脂利用率，固定床离子交换器结构如图3.5.4所示。由于树脂固定床的空隙率较小，需先进行悬浮胶体颗粒的去除，避免树脂床层空隙被阻塞。

图 3.5.3 软化器现场照片

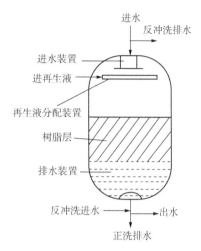

图 3.5.4 固定床离子交换器结构

# 4 新疆油田稠油采出水深度处理技术

新疆油田稠油主要采用 SAGD 和蒸汽吞吐开发，采出水在循环利用过程中不断溶解地层矿物质，采出水性质逐渐发生变化，矿化度逐渐升高，即使经过净化软化处理也不能满足过热锅炉和燃煤锅炉用水指标。同时软化处理、燃煤锅炉排污会产生大量高含盐水无法进行有效的环保处置，并加剧地面水平衡矛盾，严重制约油田的发展，亟须攻关稠油采出水深度处理技术。目前新疆油田已推广净化水 RO 反渗透技术、高含盐水 MVC 技术，有效改善了锅炉水质，缓解了水平衡矛盾、降低了环保压力。

## 4.1 高温反渗透膜除盐技术

新疆油田稠油开采多采用注蒸汽技术。由于高温蒸汽无法携带盐分，若锅炉进水含盐不达标，将造成注汽系统结垢严重，严重影响稠油安全稳定生产。随着稠油黏度的增加，开采难度加大，开始采用过热锅炉注汽，使得这一问题日益凸显。采出水经常规物理化学处理方法处理后无法回用注汽锅炉，必须进行除盐。为解决这一问题，新疆油田率先开展将耐高温反渗透膜应用在超稠油采出水除盐中，除盐率可达 85%，采出水回收率不小于 70%。且除盐后，注汽系统运行良好。其风城区块高温反渗透膜除盐系统流程如图 4.1.1 所示。软化器出水经过提升泵加压提升至 0.45MPa，通过前置过滤器进一步除悬浮物和杂质，再通过一级、二级保安过滤器，保安过滤器出水分别经过一段、二段、三段反渗透装置，产水矿化度不大于 700mg/L 后，给过热和燃煤锅炉供水。

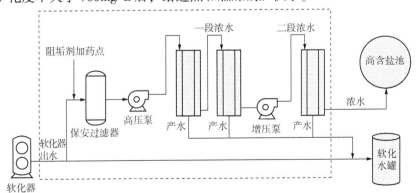

图 4.1.1 风城高温反渗透膜除盐工艺流程

### 4.1.1 技术原理

渗透是一种物理现象，当两种含有不同浓度盐类的水，如用一张半渗透性的薄膜分开就会发现，含盐量少的一边的水分会透过膜渗到含盐量高的水中，而所含的盐分并不渗透，这样，逐渐把两边的含盐浓度融和到均等为止。然而，要完成这一过程需要很长时间，这一过程也称为自然渗透。但如果在含盐量高的水侧，施加一个压力，其结果也可以使上述渗透停止，这时的压力称为渗透压力。如果压力再加大，可以使水向相反方向渗透，而盐分剩下。因此，反渗透除盐原理，就是在有盐分的水中（如原水），施以比自然渗透压力更大的压力，使渗透向相反方向进行，把原水中的水分子压到膜的另一边，变成洁净的水，从而达到除去水中盐分的目的，反渗透的原理如图4.1.2所示。

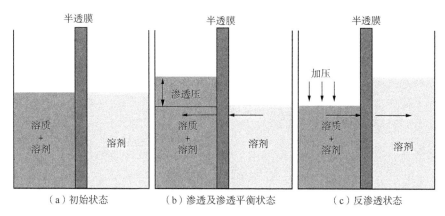

图4.1.2 半透膜的三种状态

反渗透膜是属于一种压力推动的膜滤方法，所用的膜不具离子交换性质，可以称为中性膜。反渗透用半透膜为滤膜，必须在克服膜两边的渗透压下操作，过去使用醋酸纤维素膜时的操作压力为5~6MPa，现今所用的聚酰胺复合膜的操作压力为1.5MPa左右。自20世纪50年代末以来，许多学者先后提出了各种不对称反渗透膜的透过机理和模型来解释关于水分子在压力的作用下反方向透过半透膜这一过程，目前主流的几种理论有氢键理论、优先吸附—毛细孔流理论、溶解扩散理论。

氢键理论扩散模型如图4.1.3所示。在压力作用下，溶液中的水分子和醋酸纤维素的活化点——羰基上的氧原子形成氢键，而原来水分子形成氢键被断开，水分子解离出来并随之转移到下一个活化点，并形成新的氢键，于是通过这一连串的氢键的形成与断开，使水分子离开膜表面的致密活性层，而进入膜的多孔层，由于多孔层含有大量的毛细管水，水分子能畅通流出膜外。

优先吸附—毛细孔流机理示意图如图4.1.4所示。在盐溶液中膜表面能够优先吸附水，对溶质排斥在压力作用下，优先吸附的水通过膜表面的毛细孔通过膜，完成脱盐过程。

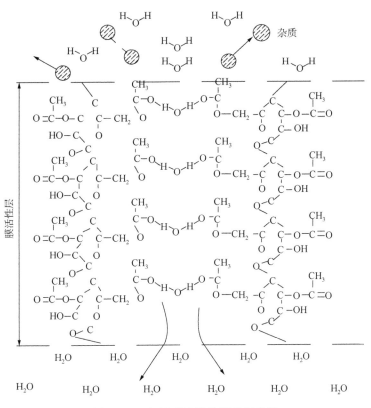

图 4.1.3　氢键理论扩散模型示意图

溶解扩散理论认为溶剂与溶质均在膜中溶解，然后在化学位差的推动力下，从膜的一侧向另一侧进行扩散，直至透过膜，溶质和溶剂在膜中的扩散服从菲克定律。物质的渗透能力不仅取决于扩散系数，而且取决于其在膜中的溶解度。溶质的扩散系数比水分子的扩散系数小得越多，高压下水在膜内的移动速度就越快，因而透过膜的水分子数量就比扩散而透过去的溶质数量更多。

目前认为，溶解扩散理论较好地说明膜透过现象，当然氢键理论、优先吸附—毛细孔流理论也能够对反渗透膜的透过机理进行解释。此外，还有学者提出扩散—细孔流理论、结合水—空穴有序理论以及自由体积理论等。也有人根据反渗透现象是一种膜透过现象，因此把它当作是非可逆热力学现象来对待。总之，反渗透膜透过机理还在发展和继续完善中。

### 4.1.2　技术效果影响因素

（1）反渗透膜污染及清洗。

膜污染是指与膜接触的料液中的微粒、胶体粒子(二氧化硅)或溶质大分子由于与膜存在物理、化学作用或机械作用，而引起的膜面或膜孔内吸附、沉积造成膜孔径变小或堵塞，使膜产生透过流量与分离特性的不可逆变化现象。

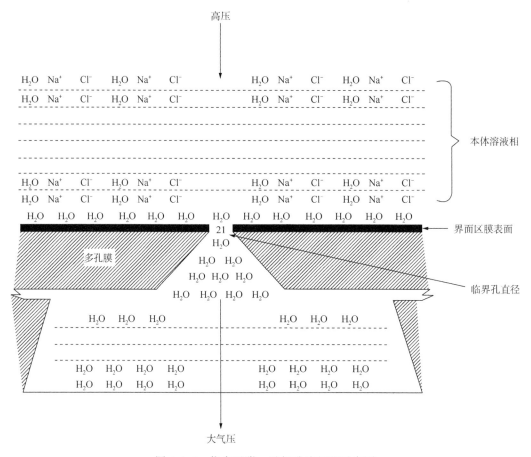

图 4.1.4 优先吸附—毛细孔流机理示意图

反渗透膜的性能下降主要原因是由于膜表面受到了污染，如表面结垢、膜面沉积或微生物滋长，或是膜本身的物理化学变化而引起的。物理变化主要是由于压实效应引起膜的透水率下降；化学变化主要是由于 pH 值的波动而引起的，如使醋酸纤维素膜水解；游离氯也会使芳香聚酰胺膜性能恶化。膜污染的原因一直以来就是人们关注的热点问题，它影响着膜的稳定运行和出水水质，并将缩短膜的使用寿命，因此被认为是制约膜技术广泛应用的关键因素。另外，膜污染也会增加因浓差极化而产生的阻力。

反渗透膜组件污染的一般特征见表 4.1.1。

表 4.1.1 反渗透膜组件污染的一般特征

| 污染原因 | 一般特征 | | |
|---|---|---|---|
| | 盐透过率 | 组件的压损 | 产水量 |
| 金属氧化物<br>（Fe、Mn、Ni、Cu 等氧化物） | 增加速度快[1]<br>≥2 倍 | 增加速度快[1]<br>≥2 倍 | 急速降低[1]<br>20%~25% |
| 钙沉淀物<br>（$CaCO_3$、$CaSO_4$） | 增加<br>10%~25% | 增加<br>10%~25% | 稍微减少<br><10% |

| 污染原因 | 一般特征 | | |
|---|---|---|---|
| | 盐透过率 | 组件的压损 | 产水量 |
| 胶状物质<br>(如胶体硅等) | 缓慢增加②<br>≥2倍 | 缓慢增加②<br>≥2倍 | 缓慢减少②<br>≥50% |
| 混合胶体<br>(Fe+有机物等) | 增加速度快①<br>2~4倍 | 缓慢增加②<br>≥2倍 | 缓慢减少②<br>≥50% |
| 细菌③ | 增加<br>≥2倍 | 增加<br>≥2倍 | 减少②<br>≥50% |

① 24h内发生。

② 2~3周以上发生。

③ 在无甲醛保护液情况下。

膜的污染引起的膜性能下降，可以通过洗涤去除膜面的污染物来恢复，而膜的劣化即膜材质、膜结构的变化引起的膜性能下降则需要根据具体情形提出相应对策。膜清洗频率与预处理措施的完善程度是紧密相关的，预处理越完善，清洗间隔越长；反之，预处理越简单，清洗频率越高。针对不同污染物的可采取的预处理措施见表4.1.2。一般膜清洗是遵循"10%法则"，当校正过的淡水流量与最初200h运行的流量相比，降低了10%和(或)观察到压差上升了10%~20%就需要进行清洗。

**表 4.1.2　针对不同污染物的预处理措施**

| 污染物种类 | 预处理措施 |
|---|---|
| 微生物 | 氯化、臭氧氧化杀菌、紫外线杀菌、杀菌剂(浓亚硫酸氢钠、$CuSO_4$等) |
| 有机物 | 氧化、絮凝、澄清、沉淀、过滤或活性炭吸附 |
| 悬浮物和胶体 | 絮凝、多介质过滤、微滤、超滤 |
| 易结垢盐类 | 阻垢剂(聚磷酸盐、有机磷酸盐和以丙烯酸为基础的聚合物) |
| 金属氧化物 | 曝气、锰砂过滤 |

常用的膜清洗的方法有物理清洗法、化学清洗法。

物理清洗法有变流速冲洗法(脉冲、逆向及反向流动)、海绵球清洗法、超声波法、热水及空气和水混合冲洗法等。反冲洗对于防止大颗粒对某些形式反渗透膜件的堵塞是有效的。但不是所有的污染都可以通过简单的反冲洗就能清除掉，还需要有周期的化学清洗。化学清洗需增加药剂和人工费用外，还有污染问题，所以也不可过于频繁，每月不应超过1~2次，每次清洗时间为1~2h。

化学清洗系统通常包括一台化学混合箱和与之相配的泵、混合器、加热器等。化学清洗常是根据运行经验来决定(可以根据每列设备压降读数与运行时间的关系曲线，或是依据产水量、淡水水质和膜的压降等)。

化学清洗所用的药剂和方法，需要根据污染源来决定，但更应重视积累和应用本单位的经验。为了保证效果，在化学清洗前要进行冲洗。冲洗前先降压，再用 2~3 倍正常流速的进水冲洗膜，靠流体的搅动作用将污物从膜面剥离并冲走，然后针对污染特征，选择清洗液对膜进行化学清洗。为了保护反渗透膜件，液温最好不超过 35℃。系统若停用 5 天以上，最好用甲醛冲洗后再投用。如果系统停用两周或更长一些时间，需用 0.25% 甲醛浸泡，以防止微生物在膜中生长。针对各种污染物采用的清洗剂见表 4.1.3。

**表 4.1.3  针对各种污染物采用的清洗剂**

| 污染原因 | 清洗液 | 每台膜件药剂用量（L） | 清洗方法 |
|---|---|---|---|
| 金属氧化物沉淀 | （1）0.2mol/L 柠檬酸钠，pH 值为 4~5；<br>（2）4% 亚硫酸氢钠 | 约 100 | （1）维持 0.4MPa 压力，15L/min 流量，循环 2h；<br>（2）保持 1MPa 压力，水冲洗 30min；<br>（3）正常运行 |
| 钙沉淀物 | （1）盐酸，pH 值=4；<br>（2）柠檬酸，pH 值=4 | 约 100 | （1）维持 0.4MPa 压力，15L/min 流量，循环 2h；<br>（2）保持 1MPa 压力，水冲洗 30min；<br>（3）正常运行 |
| 有机物、胶体物 | （1）柠檬酸，pH 值=4；<br>（2）盐酸，pH 值=2；<br>（3）氢氧化钠，pH 值=12；<br>（4）中性洗净剂 | 约 200 | （1）维持 0.4MPa 压力，40L/min 流量，循环 2h；<br>（2）保持 1MPa 压力，水冲洗 30min；<br>（3）正常运行 |
| 细菌及黏泥 | 1% 甲醛溶液 | 约 100 | （1）维持 0.4MPa 压力，15L/min 流量，循环 2h；<br>（2）保持 1MPa 压力，水冲洗 30min；<br>（3）正常运行 |

由于风城区块采出水中二氧化硅和矿化度偏高，分别可达 290mg/L 和 4500mg/L，导致其反渗透膜容易受到污染物堵塞，使得产水量降低或进膜压力提高。在小试阶段，由于进水水质不符合要求，系统运行到 180min 时，在保持回收率为 10% 情况下，进膜压力从 1.4MPa 升至 1.8MPa。工业化试验阶段，受来水水质波动的影响，反渗透膜同样也出现堵塞现象，使制水周期明显缩短，膜的产水量下降 30% 左右。且经过化学清洗后，仍存在膜堵塞严重的问题。

该系统膜组件清洗的方法如下：①用反渗透产出水冲洗反渗透膜组件和系统管道；②配制清洗液，酸性清洗液 pH 值为 3，碱性清洗液 pH 值为 12；③先用酸性清洗液循环清洗 30min，再用碱性清洗液循环清洗 30min；④用反渗透产出水将系统内的清洗液冲洗干净。清洗效果见表 4.1.4。

（2）原水水质对系统的影响。

进水水质达不到膜进水指标，水中污染物会对膜造成污染堵塞，主要体现在进膜压力增加，以及通量的降低，其中某些污染物（钙镁离子结垢）可以通过酸碱清洗去除。因为污染物的长时间累积，会使膜的寿命降低，性能下降，这种物理污染不可逆。

表 4.1.4  反渗透系统膜组件清洗效果

| 一次清洗 | | | 二次清洗 | | | 三次清洗 | | |
|---|---|---|---|---|---|---|---|---|
| 时间<br>（min） | 产水电导率<br>（μS/cm） | 进膜压力<br>（MPa） | 时间<br>（min） | 产水电导率<br>（μS/cm） | 进膜压力<br>（MPa） | 时间<br>（min） | 产水电导率<br>（μS/cm） | 进膜压力<br>（MPa） |
| 0 | 495 | 1.65 | 0 | 527 | 1.7 | 0 | 648 | 1.7 |
| 15 | 497 | 1.65 | 15 | 525 | 1.75 | 10 | 657 | 1.8 |
| 30 | 482 | 1.65 | 30 | 540 | 1.8 | 15 | 674 | 1.8 |
| 45 | 501 | 1.7 | 45 | 535 | 1.9 | 30 | 654 | 1.8 |
| 60 | 498 | 1.8 | 55 | 531 | 2 | 35 | 669 | 1.85 |
| 70 | 513 | 1.9 | 60 | 547 | 2.1 | 40 | 680 | 1.9 |
| 90 | 499 | 2 | 70 | 549 | 2.2 | 45 | 690 | 1.95 |
| — | — | — | — | — | — | 50 | 683 | 2.1 |
| — | — | — | — | — | — | 55 | 655 | 2.2 |

注：水温80℃，回收率为10%。

小试、中试进水水质与反渗透系统设计进水指标对比情况见表 4.1.5。从表 4.1.5 中可以看出小试阶段进水含油、二氧化硅含量以及硬度不满足设计指标，其试验结果如图 4.1.5 和图 4.1.6 所示。从图 4.1.5 中可以看出随着运行时间的增加，产水的电导率明显上升，脱盐率呈逐渐下降的趋势，进膜压力明显升高。中试时调整了实验装置的取水点，水中含油、硅含量以及硬度得到明显改善，实验结果如图 4.1.7 所示。在后续两个月的中试中，设备运行平稳，且效果良好，虽然来水矿化度比小试的矿化度有所提高，从平均 4000mg/L 增长到 4500mg/L，但是产水的矿化度基本达到预期目标，平均在 500mg/L。

表 4.1.5  现场试验进水水质及系统设计进水指标

| 项　目 | 高温反渗透膜进水指标 | 小试进水水质 | 中试进水水质 |
|---|---|---|---|
| 含油量（mg/L） | ≤0.1 | 1.02 | 0 |
| 悬浮物（mg/L） | ≤7.5 | 3.3 | 1.6 |
| 二氧化硅（mg/L） | ≤100 | 228.6 | 224.6 |
| 温度（℃） | 15~90 | 85 | 84 |
| 硬度（mg/L） | ≤50 | 51.2 | 0 |
| pH 值 | 2~13 | 8.1 | 7.9 |

风城区块高温反渗透系统的原水是经过"除硅""净化""软化""过滤"的净化软化水。故含油、悬浮物、硬度等指标均较低，能够满足反渗透系统的进水指标要求。

（3）操作参数对反渗透的影响。

在反渗透系统运行中，操作压力、时间、温度、膜面流速、pH 值会对反渗透系统运行存在较大的影响。

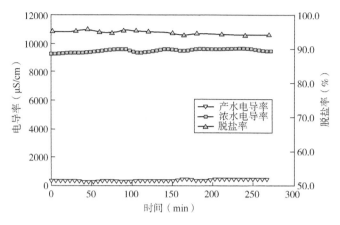

图 4.1.5 反渗透系统小试产水水质

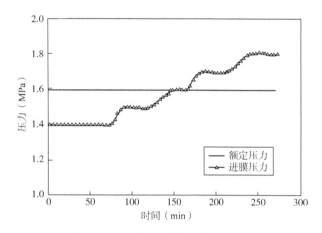

图 4.1.6 反渗透系统小试膜压变化

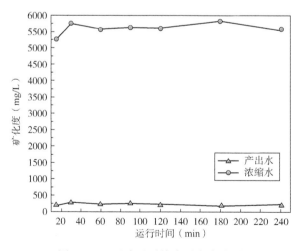

图 4.1.7 反渗透系统中试产水水质

① 操作压力对反渗透的影响。

压力对膜的通量的影响主要取决于反渗透过程中的总阻力。在运行过程中，主要的阻力包括膜阻力、浓差极化和膜污染阻力三部分。若进水为纯水，浓差极化和膜污染层的阻力便不存在，因此，根据纯水测得的阻力即为膜阻力。并且随着压力的增加，纯水的膜通量呈线性增加。对于污水，由于浓差极化和膜污染层的存在，膜的污水通量会小于纯水通量。并且随着压力增加，膜污染加剧，通量不再随压力增加而线性增加，而是逐渐趋向平缓。这可能是由于压力越大，污染层被压密，导致膜污染阻力增加而引起的。

此外，进水压力本身并不会影响盐透过量，但是进水压力升高使得驱动反渗透的净压力升高，使得产水量加大，同时盐透过量几乎不变，增加的产水量稀释了透过膜的盐分，降低了透盐率，提高脱盐率。但当进水压力超过一定值时，由于过高的回收率，加大了浓差极化，又会导致盐透过量增加，抵消了增加的产水量，使得脱盐率不再增加。

虽然随着压力的增加，水的渗透速度会加快，膜通量有所增加。但压力越高，胶体在膜面沉积速率越快，膜通量下降也越快。当溶质(如苯酚、硝基苯、3-氯苯酚等低分子)与膜(如醋酸纤维素膜)具有强的亲和力时，提高压力将增加膜孔内溶质分子的流动性，产生的对流剪切力足以克服溶质与膜间的吸引力，使更多溶质分子透过膜，导致膜分离率降低。膜对金属离子的分离率存在临界压力，临界压力以下，分离率随压力增加而上升；反之，随压力增加而下降。

② 时间对膜的影响。

运行时间对膜的影响主要在于，随着运行时间的增加，膜表面逐渐形成污染层，导致膜污染层阻力逐渐增加，使得进膜压力升高。此外，随着时间的增加，通量大的膜的污染层阻力明显要大，这是因为膜通量大，导致膜面积累更多的污染物。图4.1.8给出了两种不同通量膜(CPA2>BW30)污染层阻力随运行时间的变化关系。从图4.1.8中可以看出随着运行时间的增加，两种膜的污染层阻力都近似呈线性增加，且CPA2膜增加得更快。

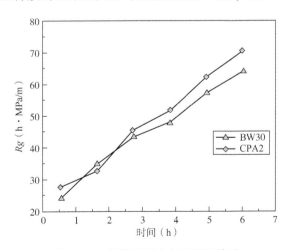

图4.1.8 污染层阻力与时间的关系

③ 温度对反渗透系统的影响。

反渗透膜产水电导对进水水温的变化十分敏感，理论上水通量随着水温的增加呈线性增加，进水水温每升高 1℃，产水通量就增加 2.5%～3.0%，但温度越高，膜结构越不稳定，寿命越短，因此一般膜的最高耐受温度为 45℃，要求温度在 25～30℃。进水水温的升高同样会导致透盐率的增加和脱盐率的下降，这主要是因为盐分透过膜的扩散速度会因温度的提高而加快。

④ 膜面流速对反渗透系统的影响。

剪切速率大，质量传递快，浓差极化弱，膜通量高，且膜通量降低慢；但初始通量越大，膜面的污垢层更紧密，水力停留时间增加，膜通量降低越快。

⑤ pH 值对反渗透系统的影响。

pH 值影响有机官能团和膜的带电性，pH 值较高时有机官能团和膜均带负电，使有机物分子之间及有机物分子与膜间存在静电排斥，有机物分子不易在膜上沉淀和累积，膜污染速度放缓；当 pH 值较低时，有机官能团呈电中性，膜带少量正电，有机物很容易沉积在膜面堵塞膜孔，加速膜污染。但 pH 值较低时无机盐类不容易结垢。若水中含有 $Cl^-$，在较高 pH 值下 $Cl^-$ 引起聚酰胺复合膜的分离层和支撑层分离，造成膜的物理损伤；低 pH 值下 $Cl^-$ 与膜形成的 N—Cl，当 pH 值升高到 11 以上时将发生水解，造成膜的化学损伤。

### 4.1.3 关键设备

新疆油田高温反渗透膜除盐技术采用的关键设备或部件有增压泵、过滤系统、反渗透装置以及阻垢剂投加系统等。

（1）过滤系统。

机械过滤器是双级反渗透膜系统的重要预处理设备，主要组成是介质过滤器，采用石英砂和无烟煤作为滤料，其作用是滤除原水带来的细小颗粒、悬浮物、胶体等杂质，保证供水水质满足后续处理装置的进水水质要求。经介质过滤器预处理后的出水水质悬浮物质量浓度小于 5mg/L。

活性炭过滤器内装活性炭填料，其主要作用是吸附余氯、有机物，以满足反渗透膜的给水要求。活性炭过滤器的出水水质可以达到余氯小于 $0.1 \times 10^{-6}$ mg/L，保证了双级反渗透膜装置的进水要求。

保安过滤器的作用是截留原水夹带的大于 5μm 的颗粒，以防止颗粒进入双级反渗透膜系统。这种颗粒经高压泵加速后可能击穿反渗透膜组件，造成大量漏盐的情况，同时划伤高压泵的叶轮。保安过滤器的作用是为反渗透膜及高压泵等提供安全运行环境，过滤器中滤芯可更换。

（2）增压泵。

增压泵是反渗透系统中的关键设备，在反渗透膜选定的情况下反渗透系统的能耗指标主要取决于高压泵、提升泵和能量回收装置的能耗指标。目前反渗透系统中使用的增压泵主要有 3 种：往复式容积泵、多级离心高压泵和高速离心泵。

往复式容积泵主要用于额定流量较低的场合，通常流量小于80m³/h；它的特点是效率高，一般大于85%，且高效率范围大；对应一定流量，可达到不同的扬程，基本上都可保证在高效率点工作。多级离心泵流量范围大，效率一般处于65%~85%之间；具有结构简单、体积小、重量轻、操作平稳、流量稳定、易于制造、便于维修等优点。高速离心泵适用于小流量场合，流量范围一般在10~70m³/h，泵效率一般在50%~75%之间；特点是体积较小，但效率较低，噪声大。

增压泵的经济指标可由单位产水能耗$W$衡量，

$$W = \frac{p}{3.6\eta}$$

式中：$W$为单位产水能耗，$kW \cdot h/m^3$；$p$为高压泵的压差，MPa；$\eta$为高压泵效率，%。

可以看出，单位产水能耗的高低直接取决于增压泵效率的高低，故选用高效的增压泵是降低反渗透系统能耗的关键。

（3）反渗透装置。

反渗透装置是由一定形式的膜组件按照一定的连接形式组合而成，常用的膜组件形式有板框式膜组件、圆管式膜组件、螺旋卷式膜组件、中空纤维式膜组件。

膜组件中常用的膜种类很多，可按膜材料的化学组成和膜材料的物理结构来区分。按膜材料的化学组成可分为有机膜、无机膜和有机无机杂化膜，其中最常用的是醋酸纤维素膜和芳香聚酰胺膜。按膜材料的结构可分为均质膜、非对称膜以及复合膜。

有机高分子膜具有制备过程相对简单、成膜性好、柔韧度高等优点，但由于其抗污染性差、机械强度差，不易清洗等缺点，使得有机膜在某些特殊体系中的应用受到限制。相比之下，无机膜具有良好的热稳定性、机械强度高、耐化学和生物侵蚀、易于清洗等优点，但同时无机膜存在质脆、加工成本高、大面积制备困难，无机氧化物膜不能在碱性条件下使用等不足，这也限制了它的使用。有机无机杂化膜通过有机组分与无机成分的相互修饰，从而提高了分离膜本身的物理和化学性能，修饰和改善了分离膜的膜结构、孔径大小，调整了膜表面的亲水性及孔隙率，使得膜的渗透性和选择性增强。

非对称膜是当前使用最多的膜，具有精密的非对称结构。这种膜具有物质分离最基本的两种性质，即高传质速率和良好的机械强度。它有很薄的表层（0.1~1μm）和多孔支撑层（100~200μm）。这非常薄的表层为活性膜，其孔径和表皮的性质决定了分离特性，而厚度主要决定传质速度。多孔的支撑层只起支撑作用，对分离特性和传质速度影响很小，非对称膜除了高透过速度外，还有另一优点，即被脱除的物质大都在其表面，易于清洗。复合膜是近年来开发出的一种新型反渗透膜，它是由很薄而且致密的复合层与高孔隙率的基膜复合而成的。复合层可选用不同的材质改变膜层表面的亲和性，因而可以有效地提高分离率和抗污染性。支撑层和过渡层可以做到孔隙率高，结构可以随意调节，材质可与复合层相同或不同，因而可以有效地提高膜的通量，以及机械性能、稳定性等。复合膜的性能不仅取决于有选择性的表面薄层，而且受微孔支撑材料、结构、孔径、孔分布和多孔率的影响。

图4.1.9 新疆油田风城区块高温反渗透装置

新疆油田风城区块高温反渗透除盐系统反渗透装置如图4.1.9所示。膜组件采用多段组合的连接方式，不仅能提高处理速度，还不用提高进水压力。同时，多段式工艺设计，是根据各段反渗透水的矿化度的增加，使水的处理量在逐级递减，这样能有效地延长各段膜的使用周期，使膜的失效时间基本保持一致，方便对膜进行统一清洗和还原，提高各段装置的协同能力。

稠油采出水的温度较高，一般可达85℃左右。普通的反渗透膜工作温度不超过45℃。针对这一问题新疆油田高温反渗透系统采用了一种耐高温的反渗透膜。该膜的结构如图4.1.10所示，其和普通反渗透膜的指标对比情况见表4.1.6。

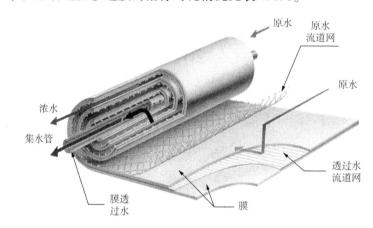

图4.1.10 膜结构示意图

表4.1.6 高温反渗透膜和普通反渗透膜指标对比

| 项目 | 普通反渗透膜进水指标 | 高温反渗透膜进水指标 |
|---|---|---|
| 含油(mg/L) | ≤0.1 | ≤0.1 |
| 悬浮物(mg/L) | ≤7.5 | ≤7.5 |
| 二氧化硅(mg/L) | ≤100 | ≤100 |
| 温度(℃) | ≤45 | 15~90 |
| 硬度(mg/L) | ≤50 | ≤50 |
| pH值 | 3~10 | 2~13 |

高温反渗透除盐技术的原理同常温反渗透完全一样，不同点在于常温反渗透最高工作温度为45℃，而高温反渗透装置最高工作温度可达到90℃。常温反渗透和高温反渗

透膜的材质都是相同的，通常都是采用芳香族聚酰胺复合膜，不同之处是常温反渗透膜元件的骨架、密封件、黏结剂等的耐温低于40℃，而高温反渗透膜元件耐温更高。结构上，耐高温反渗透采用特制的笼状外套，端板和中心管材料有聚砜和316L不锈钢两种。其关键技术在于高温下膜性能的稳定性（退火缩孔等）和黏合剂及卷制成型工艺。此外，高温反渗透由于运行温度较高，膜的孔隙比常温反渗透大，所以出水含盐量较高。

（4）阻垢剂投加系统。

添加阻垢剂的主要目的是保障采出水前段除硅和净化效果，确保进膜采出水二氧化硅小于100mg/L，争取控制在70mg/L左右。通过适当调节进水pH值，可以提高二氧化硅溶解度，减少胶体硅在采出水中的含量。投加防硅类阻垢剂，可以降低二氧化硅对膜堵塞的影响，增加滤前微絮凝加药点，提高过滤器截污能力，最大程度去除污染密度指数（SDI）和胶体硅。

## 4.2 MVC 深度处理技术

为实现新疆油田高含盐稠油采出水资源化利用，减少稠油热采开发过程中的高含盐稠油采出水排放量及清水资源消耗量，根据该油田采出水水质高矿化度、高盐的特点，推广了机械蒸汽压缩MVC蒸发除盐回用处理技术。将高含盐稠油采出水蒸发除盐后回用锅炉，可解决部分锅炉水源问题，降低清水资源的消耗量；又可提高蒸汽干度，进一步提高采收率和油气比，降低稠油开采成本。风城油田MVC深度处理系统流程如图4.2.1所示。多余的净化软化水、高温膜浓水以及燃煤锅炉排污水进入蒸发除盐装置产生的除盐水回用燃煤流化床锅炉，浓缩后的高盐水作为废水进行相应处理。

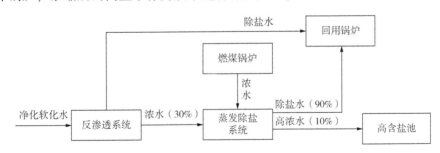

图 4.2.1 风城 MVC 深度处理工艺流程

### 4.2.1 技术原理

将蒸发技术应用于高含盐水的处理中有很好的前景。传统的单效蒸发不能回收蒸发蒸汽里的热量，经济性较差。多效蒸发虽然能够利用一定的二次蒸汽的热量，相对来说具有较好的节能效果。然而由于多效蒸发过程中，一方面初效需提供较大量的加热蒸汽，另一方面末效生成的二次蒸汽也不能得到再次有效利用，也会造成能量浪费。使用机械压缩的方式将二次蒸汽再次压缩后当作加热热源，就可以解决多效蒸发中的末效二次蒸汽未利用的问题，同时减少能耗，该技术称为机械蒸汽再压缩蒸发。

MVC 技术是通过机械压缩的方法，将蒸发的二次蒸汽再次压缩，提升二次蒸汽的温度与压力，热焓增加后，再作为加热热源使用的一种技术。MVC 工艺流程图如图 4.2.2 所示。

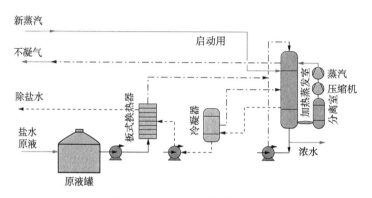

图 4.2.2　MVC 工艺流程图

原水(高含盐水)首先将 pH 值调整至 10~11，进入进料缓冲罐，通过进料泵提升进入 2 座板式降膜蒸发系统(包含降膜蒸发器、循环泵、冷凝水罐、出料缓冲罐等)；原料液在进料泵的作用下经预热后通过分布器使物料平均分布到换热板表面，在重力作用下，物料沿换热壁面向下流动，并形成膜状，经蒸发浓缩后，换热板表面的水变为蒸汽，经压缩机升温增压后重新回到蒸发器内；板内的蒸汽变为冷凝水进入冷凝液罐，经冷凝液泵排出；罐内的浓缩液进入出料缓冲罐，经浓水泵提升至站区浓水罐。

这种技术将原来要废弃的二次蒸汽，再次利用潜热，提升了系统的热利用率，因为将二次蒸汽升温到相同温度与压力的蒸汽所消耗的能量，相比于将水升温至相同条件下的蒸汽需要的能耗要小得多。以将 80℃ 的水升温到 100℃ 的饱和蒸汽为例，见表 4.2.1，需吸收热量为 2340.78kJ/kg，而将 80℃ 的饱和蒸汽升温到 100℃ 的饱和蒸汽时，需吸收的热量为 32.65kJ/kg，故 MVC 技术仅需外界提供少量的能量就可以维持系统的运转。

表 4.2.1　蒸汽压缩与直接加热过程耗能比较

| 温度(℃) | 压力(kPa) | 饱和水焓(kJ/kg) | 饱和蒸汽焓(kJ/kg) | 汽化热(kJ/kg) |
| --- | --- | --- | --- | --- |
| 80 | 47.37 | 334.93 | 2643.06 | 2308.1 |
| 90 | 70.12 | 376.94 | 2659.63 | 2282.7 |
| 100 | 101.32 | 419.06 | 2675.71 | 2256.6 |

相比于多效蒸发，MVC 技术具有明显的节能效果，以每蒸发 1t 水所消耗的能耗为例，见表 4.2.2。

表4.2.2　多效蒸发与MVC能耗对比

| 蒸发形式 | 蒸汽消耗(t) | 耗电量(kW·h) | 消耗标煤量(kg) |
|---|---|---|---|
| 一效 | 1.1 | — | 159.5 |
| 二效 | 0.57 | — | 82.65 |
| 三效 | 0.4 | — | 58 |
| 四效 | 0.3 | — | 43.5 |
| 五效 | 0.27 | — | 39.15 |
| MVC | — | 50 | 20.2 |

注：按照1kW·h电的等价标煤为0.404kg，1kg饱和蒸汽的等价标煤量为0.145kg折算。

在高浓度含盐废水的蒸发过程中，由于蒸汽的温度低于溶液的温度，所以仅用自身的二次蒸汽无法维持传热过程的有效温差，需用压缩机来提升二次蒸汽的温差，因此在研究MVC技术的设计时，蒸汽的温度与溶液的温度差，对于MVC的设计选型十分重要。

图4.2.3显示水的蒸汽压与溶液的蒸汽压随温度的变化关系。图4.2.3上面曲线 *AB* 表示水的变化，下面曲线 *CD* 表示溶液的变化。

由图4.2.3可得，在相同温度下，水的蒸汽压要高于溶液的蒸汽压；在相同压力下($p_0$)，溶液的沸点要高于纯水沸点，两种沸点温度之间的差值称作溶液的沸点升高。沸点升高随着物料的不同而变化，同一物料随着浓度的变化而变化，溶液浓度越大，沸点升高的数值越大，*CD* 曲线越靠下。通常稀溶液的沸点升高相对较小；而无机盐溶液的沸点升高则较大。对于同

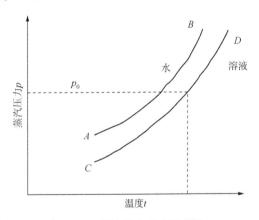

图4.2.3　溶液沸点升高示意图

一物料的溶液，沸点升高的数值大小也随着溶液所受的压力而变化，所受压力越小，沸点升高的数值越大。溶液的沸点升高数值对于MVC的选型设计十分重要，其数值常由实验获得。由于在相同压力下，溶液的沸点高于纯水沸点，故压缩机需将二次蒸汽的温度提升，高于溶液沸点一定的温度，以便维持换热器必要的传热温差。

### 4.2.2　技术效果影响因素

MVC技术效果影响因素主要是进料温度、传热温差。

（1）进料温度。

进料温度是系统预热器设计以及蒸发工艺流程中重要的操作参数，为了便于计算及分析，明确在不同蒸发温度条件下的影响，实验研究中以进料温差 $A_r$（物料沸点温度与进料温度的差值）来表示进料接近沸点的程度。进料温差对蒸发器设计面积、预热器设计面积、压缩机运行比功耗的影响如图4.2.4至图4.2.6所示。

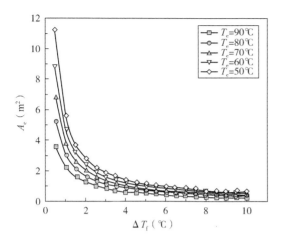

图 4.2.4 进料温差对蒸发器设计换热
面积的影响

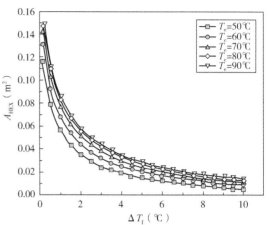

图 4.2.5 进料温差对预热器设计换热
面积的影响

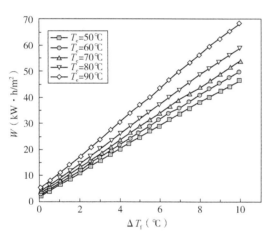

图 4.2.6 进料温差对压缩机运行
比功耗的影响

从图 4.2.4 和图 4.2.5 中可以看出，随着进料温差的增加，系统的设计蒸发面积先急剧减小，后呈缓慢减小趋势，并且较大的蒸发温度下对应所需的蒸发面积相对较小。随着进料温差的增加，预热器的设计换热面积呈现与蒸发器同样的趋势，但是在较大蒸发温度条件下，对应的预热面积相对较大。

压缩比功耗，指单位蒸发量下压缩机的做功量，是衡量系统能效的重要指标，在实际生产中也关系着系统的运行费用的高低。从图 4.2.6 中可以看出，随着进料温差的增加，压缩机的比功耗呈线性增长的趋势，且在较高的蒸发温度条件下，其比功耗随进料温差的增长率较高，而较低蒸发温度时，比功耗随进料温差的增长率较低。

综上述情况，较大进料温差可以减小系统的换热面积，节省设备投资，但其显然增加了系统的功耗。从长远运行角度来看，需结合换热面积与功耗的变化关系综合考虑选取合适的进料温差值，其相应的费用曲线如图 4.2.7 所示。

（2）传热温差。

传热温差是指蒸发器中加热蒸汽的饱和温度和被加热物料的蒸发温度的差值。对于传热温差值的实际控制，可以通过控制蒸发器蒸发室压力和冷凝室压力来实现。传热温差对蒸发器设计换热面积、预热器设计换热面积、压缩机比功耗的影响如图 4.2.8 至图 4.2.10 所示。

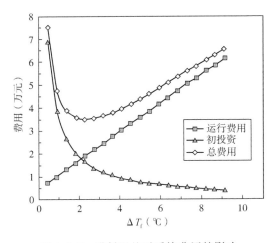

图 4.2.7 进料温差对系统费用的影响

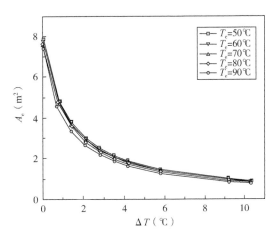

图 4.2.8 传热温差对蒸发器
设计换热面积的影响

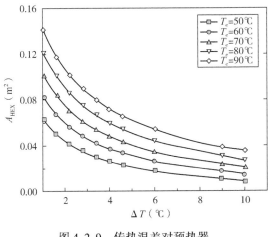

图 4.2.9 传热温差对预热器
设计换热面积的影响

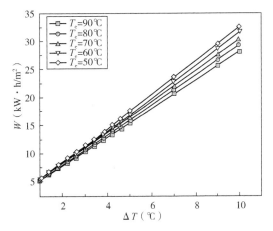

图 4.2.10 传热温差对压缩机
比功耗的影响

从图 4.2.8 至图 4.2.10 中可以看出，随着传热温差的增加，蒸发器设计换热面积逐渐减小，且先快后慢，不同蒸发温度对蒸发器的设计换热面积影响不大。随着传热温差的增加，预热器设计传热面积逐渐减小，且先快后慢，同时，较低的蒸发温度能够显著减小所需的预热面积。因为传热温差决定着压缩机的压缩比，随着传热温差的增加，压缩机的比功耗呈线性增长趋势。

### 4.2.3 关键设备

MVC 技术是充分利用挥发组分得到汽化而将溶液进行浓缩，从而得到固液分离的目的，蒸发本质就是难挥发组分与易挥发组分的相互分离的过程。MVC 技术的关键设备是蒸汽压缩机、蒸发器等。

（1）蒸汽压缩机。

蒸汽压缩机是系统中的核心部件，对于压缩机的选用主要有罗茨压缩机与离心压缩机两种形式。

离心式压缩机生产能力大，噪声小，不会出现串油的问题，适用于大流量小温升的工况，目前应用最多，但是当流量减小到一定值的时候，机器容易发生喘振而影响工作，一般这种情况要加防喘振装置。罗茨式压缩机适合处理小流量大温升的工况，对粉尘不敏感，但如果密封不好，则容易产生油气对系统的污染。MVC 技术合理的温升范围为 8 ~ 20℃，沸点升高如果超过了 18℃，MVC 的蒸发优势不再明显。对于温升不够的工况，在投入合理的情况下，可选择压缩机的串联形式，但是离心式压缩机串联需要解决好进出口压力的匹配性问题。对于流量不够的工况条件，可选择压缩机的并联形式或者选择多级轴流式的压缩机。风城区块高含盐水沸点温升情况见表 4.2.3。

表 4.2.3 风城区块高含盐水沸点温升表

| 水样 | 蒸馏水 | 盐水 1 | 盐水 2 | 盐水 3 | 盐水 4 | 盐水 5 |
|---|---|---|---|---|---|---|
| 含盐量（%） | 0 | 3 | 5 | 10 | 15 | 20 |
| 温度（℃） | 99.0 | 99.7 | 100.2 | 101.0 | 102.5 | 104.0 |
| 沸点升高（℃） | 0 | 0.7 | 1.2 | 2 | 3.5 | 5 |

风城区块 MVC 深度处理系统所采用的离心式蒸汽压缩机，如图 4.2.11。其主要参数见表 4.2.4。

图 4.2.11　离心式蒸汽压缩机

表 4.2.4　蒸汽压缩机参数表

| 主要参数 | 一段参数 | 二段参数 |
|---|---|---|
| 质量流量（kg/h） | 45000 | 15000 |
| 吸入温度（℃） | 101 | 101 |
| 出口温度（℃） | 107 | 110 |
| 温差（℃） | 6 | 9 |

续表

| 主要参数 | 一段参数 | 二段参数 |
|---|---|---|
| 轴功率（kW） | 559 | 300 |
| 转速（r/min） | 3494 | 5834 |
| 喷水量（kg/h） | 540 | 244 |

（2）蒸发器。

蒸发器作为蒸发的核心设备，主要功能是完成蒸汽与物料的换热蒸发，对于不同的物料，蒸发器的合理选用至关重要。目前常应用于MVC技术的主要有强制循环蒸发器、升膜式蒸发器、降膜式蒸发器、板式蒸发器，这4种蒸发器的优缺点对比见表4.2.5。板式蒸发器主要有升模式、升降模式及降模式。

**表 4.2.5　不同蒸发器类型优缺点分析**

| 蒸发器类型 | 优点 | 缺点 |
|---|---|---|
| 横管降膜蒸发器 | （1）一次通过加热器即达到浓缩要求，不循环；<br>（2）停留时间短，蒸发速度快；<br>（3）蒸发预热都在小温差下进行，不易结焦，易于清洗；<br>（4）蒸发参数稳定，易于控制 | （1）设备较高；<br>（2）要求工作蒸汽压力较高且稳定；<br>（3）对进料温度要求较高 |
| 板式降膜蒸发器 | （1）传热效率高；<br>（2）持液量低；<br>（3）可在负压下低温蒸发；<br>（4）体积小，占用空间比较小 | （1）蒸发速率没有管式降膜蒸发器快；<br>（2）结焦、结垢比较严重，程度难以判断；<br>（3）成膜厚度不如管式蒸发器好把握；<br>（4）应用范围处理量与管式降膜蒸发器相比较小 |

风城区块MVC深度处理系统采用的是板式降膜蒸发器，如图4.2.12所示。其主要参数见表4.2.6。此外，原水氯离子含量在10000mg/L，即使选择双相钢也无法避免腐蚀，因此根据工艺、设备可靠性原则，蒸发板面材质优选为耐腐蚀性更高的钛合金。

图 4.2.12　板式降膜蒸发器

表 4.2.6　风城区块板式降膜蒸发器主要参数

| 主要参数 | 一段蒸发器 | 二段蒸发器 |
|---|---|---|
| 直径(mm) | 6000 | 4000 |
| 高度(m) | 20 | 18 |
| 蒸发面积(m²) | 4300 | 1600 |
| 设计压力(MPa) | 0.3 | 0.3 |
| 设计温度(℃) | 160 | 160 |

（3）除气器。

水中溶解气体会造成设备腐蚀，并在蒸发器中形成大量的泡沫促进蒸汽带水，使蒸汽品质变差。因此，需在进水设置除气器，采用热力除气器。规格为 D3.2m×4m，材质为2205 双相钢。其结构原理如图 4.2.13 所示。

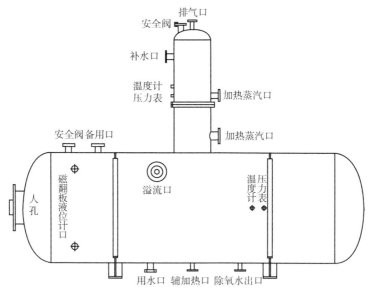

图 4.2.13　除气器结构原理图

（4）板式换热器。

板式换热器的主要用途有二：一是利用 SAGD 蒸汽余热与原液进行换热，提高原水进蒸发器的温度，提高换热效率；二是利用蒸发产生的高温冷凝水与装置来水进行换热，提高原水进蒸发器的温度，提高换热效率。两类换热器的换热面积分别为 95m² 和 100m²，换热板材质为 S31668。板式换热器的结构原理如图 4.2.14 所示。

（5）加药系统。

MVC 深度处理系统原水的主要特点是高温、低硬、高硅、高氯。高温可以使蒸发能耗更低，低硬不宜结垢，这是对蒸发除盐有利的。但高硅水会在蒸发浓度上升后，形成硅酸、硅酸钠等物质从水中析出，堵塞蒸发器布水器。由于原水硬度低，不适用常规的镁剂

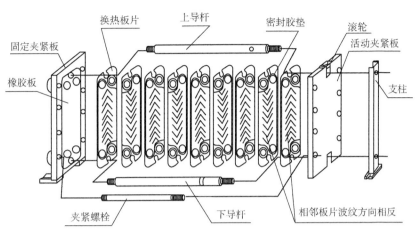

图 4.2.14　板式换热器结构原理图

除硅工艺，可选择的工艺只有电絮凝除硅，但价格昂贵。最终确定通过加碱，调节原水pH 值大于 11，增加硅溶解度，以此来控制蒸发器中的结垢问题。同时为防止溶液发泡，还需要投加消泡剂，消泡剂的主要作用是降低水溶液的表面张力，消除或抑制蒸发过程中泡沫的形成。药剂种类和投加点见表 4.2.7。

表 4.2.7　药剂种类和投加点

| 序号 | 名称 | 作用 | 加药量(mg/L) | 加药点 |
|---|---|---|---|---|
| 1 | 消泡剂 | 降低水溶液的表面张力，消除或抑制蒸发过程中泡沫的形成 | 20~100 | 蒸发器进水 |
| 2 | 碱 | 调节 pH 值，提高硅的溶解度 | 50~150 | 蒸发器进水 |

如图 4.2.15 所示为风城 MVC 深度处理系统的加药系统，主要由加药撬和加药泵组成。加药泵采用液压隔膜计量泵，单泵排量 $Q = 330L/h$，$N = 1.1kW$，泵压为 1.0MPa，可以通过变频工作来调节加药量。

图 4.2.15　MVC 深度处理系统的加药系统

# 5 新疆油田高含盐水达标外排技术

新疆油田将稠油开发过程中产生的采出水经处理后回用注汽锅炉，可替代大量的清水资源，同时可充分利用稠油采出水温度高的特点，实现了热能的综合利用和水资源的循环使用，对于降低稠油开采成本和实现新疆油田的可持续发展具有重要意义。但稠油热采采出水回用锅炉前需经过强酸树脂软化除硬，树脂再生时将会排放一定量的含盐废水，这部分废水硬度、矿化度高，采用常规的处理工艺无法处理，只能外排。

但这些含盐废水中 COD、挥发酚和硫化物等指标超标，若不处理直接外排将会对周围的生态环境造成极大的破坏。鉴于此，根据新疆油田外排污水可生化性的特点，培养筛选出耐高温耐高盐的高效复合菌群，并结合曝气、旋流气浮和水解酸化等预处理工艺协同降解废水中的污染物，形成了"预处理+生物接触氧化"以及"混凝沉降+臭氧氧化"的处理工艺。试验及应用结果表明：处理后污水中含油、悬浮物、COD 均达到国家二级排放标准，石油类平均去除率90%，悬浮物平均去除率96%，COD 平均去除率82%。已在现场建成投产高含盐废水达标处理站 3 座，总处理量为 8800m³/d，具有显著的社会效益。

## 5.1 生物接触氧化法

生物接触氧化法属于好氧生物膜法的一种，它是在浸没式生物滤池基础上，结合接触曝气法发展而来，因此又称为"淹没式生物膜法""接触曝气法""固定式活性污泥法"等。生物接触氧化工艺由生物接触氧化池、填料、布水装置、曝气装置四部分组成。生物接触氧化法结合了生物膜法和活性污泥法的特点，既有生物膜的运行稳定、耐冲击负荷和操作简单的特点，又有活性污泥法悬浮生长、与污水接触良好的特点。

### 5.1.1 技术原理

在生物接触氧化工艺中，废水中的污染物主要是通过下面三种途径去除的。

（1）微生物氧化分解。

污水流经填料，一段时间后，微生物会在填料表面形成一层黏性、薄膜状生物膜，其外表面有一层附着水层，生物膜成熟后，由于微生物不断增殖，增厚到一定程度后，在氧不能透入的内侧会转变为厌氧状态，形成厌氧性生物膜。生物膜便由好氧层和厌氧层两个生物层面组成，有机物的降解主要是在好氧层内进行的，好氧层的厚度一般为 2mm 左右。物质的传递在生物膜内外、生物膜与水层之间进行。流动水层中的有机物和溶解氧通过附着水层传递给生物膜，供微生物进行呼吸和代谢作用，使污水在其流动过程中逐步得到净化。微生物的代谢产物如 $H_2O$ 等通过附着水层进入流动水层，并随其排走，而 $CO_2$ 及厌氧层分解产物 $H_2S$、$NH_3$ 以及 $CH_4$ 等气态代谢产物则从水层逸出进入空气中。

（2）填料和生物膜吸附截留。

污水中的部分悬浮物和有机污染物，通过填料巨大的比表面积和生物膜的联合吸附截留作用下，使水质得到净化。

（3）食物链途径。

生物膜中的微生物主要有细菌(包括好氧、厌氧及兼氧细菌)、真菌、放线菌、原生动物及微型后生动物组成。这就形成了一个复杂的食物链：污染物—细菌—原生动物—后生动物，废水中的污染物被细菌分解代谢，用于合成自身细胞物质，同时随着微生物新陈代谢的进行，一些老化脱落的生物膜和细菌又被原生动物吞噬，原生动物继而又被较高等的后生动物摄食，使得污水得以净化。

#### 5.1.1.1 生物接触氧化特点

（1）生物接触氧化法的优点。

① 体积负荷高，处理时间短，节约占地面积。

处理城市污水时，在 $BOD_5$ 去除率大致相同的情况下，生物接触氧化法的 $BOD_5$ 体积负荷比活性污泥法可高 5 倍，最高可达 $3\sim6kgBOD_5/(m^3\cdot d)$，而所需处理时间却只有活性污泥法的 1/5，由于缩短了处理时间，同样大小体积的设备，处理能力可提高几倍，使污水处理工艺往高效和节约用地的方向发展。

② 生物活性高。

国内采用的生物接触氧化池中，绝大多数的曝气管设在填料下，不仅供氧充分，而且对生物膜起到了搅动作用，加速了生物膜的更新，使生物膜活性提高。另外，曝气会形成水的紊流，使固定在填料上的生物膜可以连续、均匀地与污水相接触，加上空气搅动，增强了传质效果，提高了生物代谢速度。

③ 有较高的微生物浓度。

一般活性污泥法的污泥浓度为 $2\sim3g/L$，微生物在池中处于悬浮状态，而接触氧化池中绝大多数微生物附着在填料上，单位体积内水中和填料上的微生物浓度可达 $10\sim20g/L$，由于微生物浓度高，有利于提高容积负荷。

④ 污泥产量低，不需污泥回流。

与活性污泥法相比，接触氧化法的体积负荷高，污泥产量低。主要是由于氧化池内溶解氧高，微生物的内源呼吸进行得较充分，合成物质进一步氧化；氧化池内的微生物食物链比较完全和稳定；生物膜中的厌氧层部分将生物膜分解、溶化，转化成甲烷和有机酸，这些都是减少污泥量的因素。生物接触氧化法由于微生物附着在填料上形成生物膜，生物膜的脱落和增长可以自动保持平衡，所以不需要污泥回流，给管理带来方便。

⑤ 耐冲击负荷能力强，出水水质好而稳定。

在进水短期内突然变化时，出水水质受的影响小，在毒物和 pH 值的冲击下，生物膜受影响小，而且恢复快。

⑥ 动力消耗低。

由于接触氧化池内填料存在，能够起到切割气泡、增加紊动作用，增大了氧的传递系数，并且由于没有污泥回流，使电耗下降，因此采用生物接触氧化法处理污水，较普通活性污泥法一般能节省动力30%。

⑦ 挂膜方便，可以间歇运行。

生物接触氧化法处理生活污水时不需专门培养菌种，连续运转4~5天生物膜就可成熟。当停电发生或发生事故不能供气时，只要将氧化池中的水放完即可，附着填料上的微生物可以从空气中获得氧气而维持生命较长时间。

⑧ 不存在污泥膨胀问题。

在活性污泥法中容易产生膨胀的菌种，如丝状菌，在接触氧化法中附着在填料上，不但不产生污泥膨胀，而且能充分发挥其分解、氧化能力高的优点，提高废水的净化效果。

（2）生物接触氧化法的缺点。

① 当采用蜂窝填料或其他不规则填料（如碎石等）时。若负荷过高，则生物膜较厚，脱落的生物膜会堵塞填料。

② 若生物膜瞬时大块脱落，则易影响出水水质。

③ 组合状的填料有时会影响曝气与搅拌，影响传质。

高含盐的稠油采出水可生化性差，有时还存在部分难降解生物毒性物质。因此，采用"混凝+水解酸化+接触氧化"作为整体处理工艺。而"混凝+水解酸化"作为好氧段的预处理工艺手段，主要用于脱除部分难降解污染因子，并提高废水可生化性，以充分发挥好氧生化段的处理能力。

混凝对于提高废水可生化性的作用不大，但可以快速实现胶体类物质的有效去除和部分易被吸附的有机物的去除，保障水质的稳定，降低生化段的负荷。因此，绝大多数情况下，混凝工艺段非常有必要作为生化前的预处理工艺。

废水经混凝沉淀后，采用"水解酸化+好氧"为主体工艺进行处理。其中水解酸化工艺段采用悬浮活性污泥法，好氧工艺段采用接触氧化工艺。水解酸化与接触氧化工艺段有各自沉淀池，分别构成相对独立的生化系统。经过水解酸化后，废水的可生化性得到大幅度提升，为后续接触氧化段提供了较好的进水水质。在接触氧化段，填料表面逐渐形成一定厚度的生物膜，如图5.1.1所示。填料表面除长有菌胶团外，还可能生长有大量的真菌、原生动物和后生动物，如轮虫、钟虫、瓶累枝虫等，形成了稳定的生物链，对于稠油采出水中有机污染物的去除起到重要作用。

### 5.1.1.2 菌种的筛选

新疆油田针对高含盐废水的特点，构建了扫描电子显微镜（SEM）复合嗜盐微生物种群。传统高盐生化处理系统菌群的培养，常采用"盐度梯度驯化"的方式进行，即首先在低盐条件下进行培养，待微生物具有一定代谢能力后，再不断提高废水盐度至目标水平，对其微生物种群进行驯化和扩增，这就导致培养周期相对较长，且筛选出的耐盐微生物代谢

 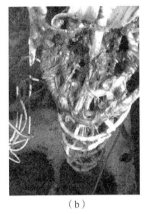 

　（a）　　　　　　　　　　（b）　　　　　　　　　　（c）

图5.1.1　填料及生物膜

能力不足且稳定性较差；此外，传统生化系统菌种的来源大多取自其他污水处理厂，所取污泥的特性与实际废水水质不符，所需驯化周期较长，而且驯化的结果差异较大，同样的处理工艺与设备，有的处理效果达标，而有的不能达标。

SEM菌剂是利用高盐环境中丰富的耐盐微生物和嗜盐微生物资源，从海洋、盐湖、盐碱地、土壤等多个高盐环境经富集、筛选、驯化培养等多个步骤，将耐盐细菌、嗜盐细菌、嗜盐古菌、耐盐酵母菌、嗜盐酵母菌等几十种至几百种不同代谢类型的功能微生物集合在一起的多功能微生物菌群。因而能够在1%~20%盐条件下对有机物进行高效稳定的降解，同时可以根据水质变化自适应形成不同高盐环境下的优势微生物群落，有比较好的抗水质冲击能力和有机负荷冲击能力。嗜盐菌筛选的部分结果如图5.1.2至图5.1.3所示。

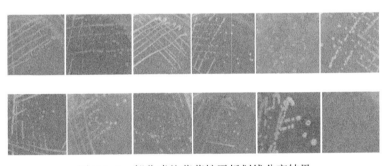

图5.1.2　部分嗜盐菌菌株平板划线分离结果

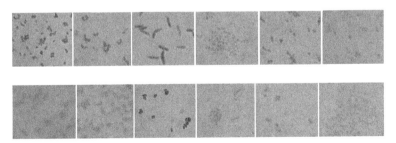

图5.1.3　部分嗜盐菌染色结果

SEM 菌剂中丰富的微生物菌群多样性，使其能够保证在进水水质变化的情况下，稠油采出水降解微生物菌群会发生相应的动态变化，始终使菌群对稠油采出水中污染物的降解性能维持在一个较高的水平。

SEM 微生物菌剂包含的嗜盐和耐盐微生物，其种属包括但不限于：

*Halomonas alkaliphila*                        *Halomonas axialensis*

*Halobacillus* sp.                              *Halobacillus locisalis*

*Pseudomonas xanthmarina*                       *Pseudoalteromonas* sp.

*Marinobacter alkaliphilus*                      *Marinobacterium halophilum*

*Marinobacter flavimaris*                        *Marinbacter sediminum*

*Marinobacter lipolyticus*                       *Flavobacterium kamogawaensis*

*Flavobacterium* sp.                             *Citricella* sp.

*Bacillus flexus*                                *Bacillus marisflavi*

*Bacillus litoralis*                             *Bacillus firmus*

*Bacillus* sp.                                   *Sphingomonas* sp.

SEM 复合嗜盐微生物菌剂集合了自然高盐环境中的耐盐、嗜盐微生物菌群，通过共生、互养、共代谢、竞争等相互作用进行生长繁殖，并对环境中的污染物进行降解。SEM 菌剂中的耐盐和嗜盐微生物菌群种类超过 50 种，能够确保其适应不同的高盐废水水质。具体而言，SEM 复合嗜盐微生物菌剂特点和优势包括：

① 耐盐范围在 1%~20%，突破了传统生化法耐盐浓度上限。

② 抗盐度冲击能力强，一定范围内的冲击不会对处理效果产生明显影响。

③ 污泥沉降性能良好，无丝状菌膨胀现象。

④ 载体非必须辅助手段，按照活性污泥法或生物膜法设计运行皆可。

⑤ 工艺参数与普通生化法相近，运行管理方便。

⑥ 能够快速自我增殖，正常情况下只需进行一次投加。

⑦ 运行成本与普通生化法相近。

⑧ 生化系统停车后微生物转为休眠状态，再开车后能迅速恢复活性。

### 5.1.2  技术效果影响因素

新疆油田以大沙河人工湿地混合水样为实验水样，研究了不同水质 pH 值、反应温度、反应时间、水质矿化度下，复合菌株对含盐废水 COD 去除效果的影响。

（1）水质 pH 值对处理效果的影响。

在相同温度下，培养基的初始 pH 值对细菌的生长繁殖具有很大影响，每种细菌都有适合生长的最适 pH 值，且只能在一定 pH 值条件下生长繁殖。复合菌株在不同 pH 值的选择培养液中培养 16h 后对 COD 的去除率如图 5.1.4 所示。

图 5.1.4 表明 pH 值能显著影响复合菌株对 COD 的去除率，菌株在 pH 值为 6.5~8.5 范围内均能降解 COD。当 pH 值为 7.0~8.0 时菌株对 COD 的去除率较高，几乎达 50%，

pH 值过高过低，去除率都会降低，当 pH 值为 5.0 时，去除率不足 20%。

（2）反应温度对处理效果的影响。

温度影响着微生物体内一系列生物化学反应，它对生物有机体的影响表现在两个方面：一方面，随着温度的上升，细胞中的生物化学反应速率和生长速率加快；另一方面，机体的重要组成如蛋白质、核酸和催化反应的酶等对温度都很敏感，随着温度的增高可能受到不同程度的破坏。因此，合适的温度对菌种性能至关重要。不同温度条件下培养 16h 后对 COD 的去除率如图 5.1.5 所示。

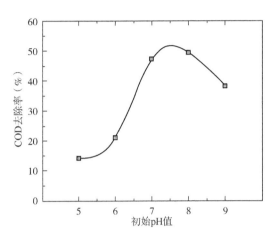

图 5.1.4　初始 pH 值对 COD 去除率的影响

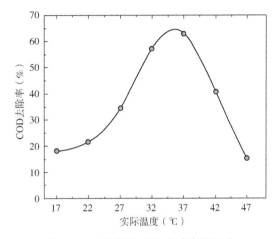

图 5.1.5　温度对 COD 去除率的影响

从图 5.1.5 可以看出，在 17℃ 到 47℃ 范围内，37℃ 时去除率最高。随着温度上升或下降，去除率均有较大程度的下降，当温度为 17℃、47℃，COD 去除率小于 20%，故最佳温度宜控制在 32~35℃。

（3）作用时间对处理效果的影响。

在温度为 37℃，考察复合菌株作用不同时间下的 COD 去除率的变化，实验结果如图 5.1.6 所示。

从图 5.1.6 可以看出，复合菌株作用时间越长，COD 去除效果越高。作用时间在 20h 以内，COD 去除效果较低，这主要是由于复合菌株对含盐废水的适应以及后续的生长繁殖有一定的过程，超过 48h，其 COD 去除效果随作用时间的延长几无变化，为此作用时间拟选用 20~48h。

（4）来水矿化度对处理效果的影响。

在温度为 37℃，作用时间为 48h，考察不同矿化度含量下，复合菌株去除 COD 的效果，实验水样矿化度为 4125mg/L，其余矿化度用硫酸钠配制，结果如图 5.1.7 所示。

结果表明，细菌生长、COD 的去除率对矿化度有一定的要求，矿化度过高不利于菌种对 COD 的降解。试验表明，矿化度小于 30000mg/L 时对 COD 的降解效果较好，高于 40000mg/L 时去除率降低趋势增大。矿化度的影响与菌种的生理特性密切相关，在矿化度小于 30000mg/L 时，外界提供细菌生长所需的条件，对 COD 的降解效果最好，矿化度增加，细胞脱水，当矿化度达到一定程度时导致细菌的死亡，降解效果变差，考虑到实验水样 COD235.6mg/L，以处理后小于 150mg/L 为准，宜控制矿化度不超过 40000mg/L，否则就得延长作用时间。

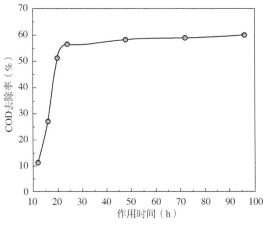
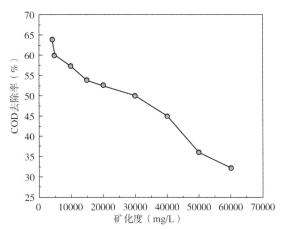

图 5.1.6　复合菌株作用时间对 COD 去除率的影响

图 5.1.7　矿化度对复合菌株 COD 去除率的影响

### 5.1.3　关键设备

（1）换热系统。

新疆油田针对来水温度过高的问题，同时考虑到站区附近没有大量可供使用的冷源，采用换热器+冷却塔组合的方式，降低进入处理系统的净化水温度，保证微生物系统的长期生化处理性能。

换热器采用螺旋板式换热器，利用净化采出水对稠油采出水进行降温，2 用 1 备，单座换热器参数见表 5.1.1。

**表 5.1.1　换热器设备参数**

| 基本参数 | 高度(mm) | 宽度(mm) | 长度(mm) | 净重(kg) | 运行重量(kg) | | |
|---|---|---|---|---|---|---|---|
| | 2250 | 1050 | 5450 | 8500 | 14000 | | |
| 系统参数 | 净化采出水进口（mm×mm） | 净化采出水出口（mm×mm） | 稠油采出水进口（mm×mm） | 稠油采出水出口（mm×mm） | 设计压力（MPa） | | |
| | DN200×16 | DN200×16 | DN200×16 | DN200×16 | 1 | | |
| 性能参数 | 换热量(kW) | 净化采出水进口温度（℃） | 净化采出水出口温度（℃） | 稠油采出水进口温度（℃） | 稠油采出水出口温度（℃） | 净化水流量（t/h） | 稠油采出水流量（t/h） |
| | 5000 | 35 | 55 | 65 | 45 | 200~230 | 200~230 |

冷却塔选用逆流式，2座，1用1备，单塔规格：直径为3.6m，高为3.55m，玻璃钢冷却塔，PVC填料；单塔循环水量为200m³/h，进塔水温为45℃，出塔水温为35~37℃；风机直径为3200mm，功率为15kW，电压为380V。冷却塔及其填料如图5.1.8所示。

 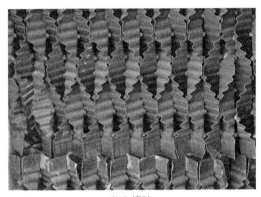

（a）冷却塔  （b）填料

图5.1.8 冷却塔及其填料

（2）水解酸化池。

水解单元设计进水温度为35℃，采用两段式水解酸化，三排池子并联运行，共6座，每座池子尺寸：长×宽×高为10m×8m×6m。总有效容积为2400m³，停留时间为12h，进水量为200m³/h。在运行的初期，需定期向池内投加专性联合菌群，提高废水的可生化性及对有机物的去除效率。水解单元控制溶解氧在0.5mg/L以下，容积负荷介于0.4~2.0kgCOD/(m³·d)。水解酸化池布置形式如图5.1.9所示，结构形式如图5.1.10所示。

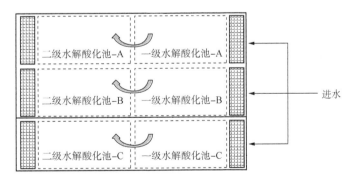

图5.1.9 水解酸化池布置形式

（3）接触氧化池。

接触氧化段选用三段接触氧化法，设三级接触氧化池，主要是降解由水解酸化分解的一些中间有机产物，进一步降低污水的COD、挥发酚、含油。由于污水底物（基质）浓度逐级降低，由此导致一级、二级、三级接触氧化池的生物相具有不同特性，经微生物驯化后可形成适宜降解有机物的菌群，菌群对不同污染物可进行有针对性的降解，实现对污染物的有效处理。接触氧化段污水停留时间按 16h 考虑，进水量为 200m³/h。三排池子并联运行，共 9 个单元，每个单元尺寸：长×宽×高为 10m×8.0m×6.0m。总有效容积为 3200m³。在运行的初期，需定期向池内投加专性联合菌群，提高废水的可生化性及对有机物的去除效率。溶解氧浓度控制在 2~4mg/L，容积负荷介于 0.2~0.5kgCOD/(m³·d) 之间。接触氧化池布置形式如图 5.1.11 所示，结构形式如图 5.1.12 所示。

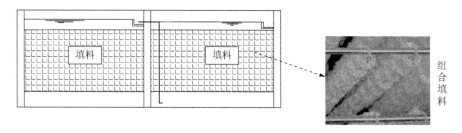

图 5.1.10　水解酸化池结构形式

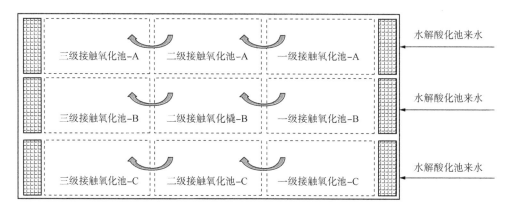

图 5.1.11　接触氧化池布置形式

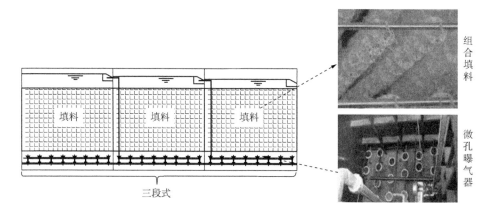

图 5.1.12　接触氧化池结构形式

（4）生物接触氧化填料。

填料是生物膜的载体，也对悬浮物起截留作用，其直接影响着生物接触氧化法的效果。对生物接触氧化法填料的要求：有一定的生物膜附着力；比表面积大，空隙率大；水流状态好，利于发挥传质效应；机械强度大，化学和生物稳定性好，经久耐用；截留悬浮物质能力强；不溶出有害物质，不引起二次污染；货源充足，价格便宜，运输和安装施工方便。

常用的填料有：玻璃钢或塑料蜂窝填料、纤维球填料、半软性填料、组合填料、内置式悬浮填料、弹性填料、立体波纹塑料填料等。常用填料的外形如图 5.1.13 所示。

（a）纤维球填料　　　　（b）立体弹性填料　　　　（c）悬浮球填料　　　　（d）组合填料

图 5.1.13　生物接触氧化常用填料形式

① 立体弹性填料。

采用特殊立体弹性填料筛选了聚烯烃类和聚酰胺中的几种耐腐、耐温、耐老化的优质品种，混合以亲水、吸附、抗热氧等助剂，采用特殊的拉丝，丝条制毛工艺，将丝条穿插固着在耐腐、高强度的中心绳上，由于选材和工艺配方精良，刚柔适度，使丝条呈立体均匀排列辐射状态，制成了悬挂式立体弹性填料的单体，填料在有效区域内能立体全方位均匀舒展满布，使气、水、生物膜得到充分混渗接触交换，生物膜不仅能均匀地着床在每一根丝条上，保持良好的活性和空隙可变性，而且能在运行过程中获得越来越大的比表面积，又能进行良好的新陈代谢。这一特征与现象是国内目前其他填料不可比拟的。立体弹性填料与硬性类蜂窝填料相比，孔隙可变性大，不堵塞；与软性类填料相比，材质寿命长，不粘连结团；与半软性填料相比，表面积大、挂膜迅速、造价低廉。因此，该填料可确认是继各种硬性类填料、软性类填料和半软性填料后的第四代高效节能新颖填料。

② 组合填料。

组合填料是在软性填料和半软性填料的基础上发展而成的，它兼有两者的优点。其结构是将塑料圆片压扣改成双圈大塑料环，将醛化纤维或涤纶丝压在环的环圈上，使纤维束均匀分布；内圈是雪花状塑料枝条，既能挂膜，又能有效切割气泡，提高氧的转移速率和利用率。使水气生物膜得到充分交换，使水中的有机物得到高效处理。用于污水、废水处理工程，配套于接触氧化塔、氧化池氧化槽等设备，是一种生物接触氧化法和厌氧发酵法处理废水的生物载体。具有散热性能高，阻力小，布水、布气性能好，易长膜，又有切割气泡作用。

③ 悬浮球填料。

该填料系列由具有耐腐、耐温、耐老化、高强度的高分子聚合物注塑而成，分内外双层球体，外部为中空鱼网状球体，内部由特殊工艺制成的弹性毛丝单体组合而成。主要起生物膜载体的作用，同时兼有截留悬浮物的作用，具有生物附着力强、比表面积大、孔隙率高、化学和生物稳定性好、经久耐用、不溶出有害物、不引起二次污染、防紫外线、抗老化、亲水性能强，阻力小，布水、布气性能好，又有切割气泡作用等特点，在使用时直接投入水中，在水里似沉非沉，能全方位自由活动，无死区。可视水质浓度高低和水量的增减，填料可多可少。实际投放量为池体积的30%~70%，进出口需用格网拦住，以免随水漂走。

新疆油田生物接触氧化池采用的是组合填料，组合填料由纤维塑料环片、支撑套管和中心绳（塑料绳及纤维绳）三部分组成，填装体积为池有效容积的75%。塑料环片四周均匀地分布软性纤维丝束，外观呈放射状。纤维材质是高维纶醛化长丝，具有比表面积大、利用率高、适应性强、污泥产生量小、易于管理的特点。主要规格为D150mm×100mm，理论比表面积为 $1472~9891m^2/m^3$，孔隙率为99%，丝径为0.07mm，密度为 $1.02g/cm^3$。其结构如图5.1.14所示。

（a）

（b）
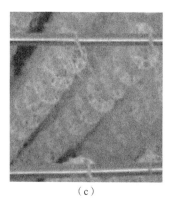
（c）

图5.1.14　生物接触氧化池填料

（5）曝气装置。

曝气装置的作用是：将空气中的纯氧转移到活性污泥混合液中的活性污泥絮体，供微生物吸收或者代谢所需；对污水进行搅拌混合，使水体中的微生物絮体处于悬浮状态，加快水中的有机污染物与微生物、空气气泡中的氧气的传质进程；对水流有推动力，促使氧气均匀地分布在水体中。

不同环境下选择的污水处理方式不尽相同，曝气装置类型的选择也有所区别，以下为曝气装置的常见类型。

① 微孔曝气器。

微孔曝气器通过鼓风机向污水供气，在扩散装置处将所提供的气体分割成微小气泡进入水体中，部分氧气被污水中的微生物吸收利用(图5.1.15)。同时微小气泡对水体造成剧烈的扰动，促使污水中的微生物絮体处于悬浮状态，以增大气、水、微生物絮体三者的接触面积，强化传质与代谢过程，提高氧的利用率。依据产生气泡的大小，我国将微孔曝气器分为微孔扩散器(气泡直径小于3mm)以及中大气泡扩散器(气泡直径大于3mm)。

（a）鼓风风机　　　　　　　　　（b）气泡发生装置

图5.1.15　鼓风曝气设备

微孔曝气器在大型污水处理领域占主导地位，其氧利用率高且产生的气泡较小，但是噪声的污染较大，容易出现堵塞，不易检修，使用期限一般为2~3年。

新疆油田生物接触氧化池采用的是微孔曝气装置，其结构如图5.1.16所示。曝气头采用盘式微孔曝气器，网装膜，每个供气量为 $1.5 \sim 3m^3/h$ (取 $2.0m^3/h$)，服务面积为 $0.35 \sim 0.75m^2/$ 个(取 $0.5m^2$)，理论动力效率为 $4.46 \sim 5.19kg\ O_2/(kW \cdot h)$。接触氧化池曝气量按气水比20:1计算，需风量为 $66.7m^3/min$，选用离心风机3台，2用1备，单台风量为 $45m^3/min$，压强为68kPa，功率为75kW。

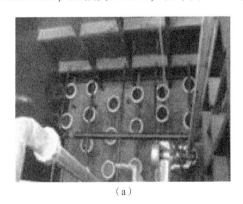 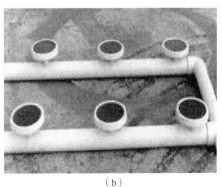

（a）　　　　　　　　　　　　（b）

图5.1.16　新疆油田生物处理曝气装置

② 机械曝气器。

机械曝气器安装在曝气池水面，其工作原理是在电动机的推动下搅动水面形成负压，吸入部分空气，使池水不断循环混合。机械曝气装置主要分为两种：竖轴式与卧轴式（图 5.1.17）。竖轴式机械曝气装置常用于处理泥水混合液，叶轮的大小对其充氧性能有较大的影响，常用的有泵形、平板形、"K"形、倒伞形等。卧轴式机械曝气装置中常见类型为转刷曝气器和转碟曝气器，具有负荷调节方便、维护管理容易、动力效率较高等优点。

（a）竖轴式倒伞形曝气装置　　　　　（b）卧轴式倒伞形曝气装置

图 5.1.17　表面曝气设备

机械曝气器主要用于氧化沟，曝气池的深度较低，面积大，由于水体湍流强度低，产生的气泡较大且不均匀，容易产生污染。

③ 射流曝气器。

射流曝气器是 20 世纪中期开发应用的曝气装置，由射流器和潜水泵组装而成。射流曝气器通过将空气和污水混合液转移至好氧生化池中，以提高好氧生化池中污水的氧含量，其传质效率高，兼有供氧、切割活性污泥絮体与空气、再生活性污泥以及搅拌混合液等功能。与微孔曝气器比较，不需要鼓风机、输气管道及空气扩散装置。与机械曝气器比较，不需要大功率驱动电动机、减速箱及曝气叶轮、曝气转刷等装置（图 5.1.18）。

图 5.1.18　射流曝气器

射流曝气器适用于大、中、小型污水处理厂，装置简单，安装方便且不易堵塞，噪声极低，使用寿命长，但是由于射流曝气器安装于水下，维修较困难。

## 5.2　混凝沉降+臭氧氧化法

新疆油田风城区块高含盐废水具有高 $Cl^-$（$Cl^-$ 浓度大于 40000mg/L）、高矿化度、BOD/COD 值为 0.23~0.41 等特点，无法直接进行生化处理。受制于这一特点，经过大量的研究，最终形成了"混凝沉降+臭氧氧化"的工艺。

化学混凝法具有操作简单、费用较低、适应能力强的特点，且化学混凝剂兼有混凝和破乳的功能，在去除悬浮物和溶解油方面有明显的效果，因此该方法可以广泛应用在采油废水的处理工程。但化学混凝法对COD去除效果不显著，处理后的废水可生化性得到提高，能够达到后续处理的进水要求，大大降低废水后续处理的压力，因此化学混凝法一般作为预处理技术，与其他方法联用。目前常用的无机混凝剂主要包括铝盐和铁盐。

臭氧是一种强氧化剂，在污水的除臭、除色、降解有机物、消毒等方面有很好的效果。臭氧氧化系统能产生大量高活性以及强氧化性的活性基团，如羟基自由基和超氧离子等这些活性基团将水中的难降解有机污染物氧化降解为低毒或无毒的小分子物质。

混凝沉淀和臭氧氧化联用技术，利用混凝沉淀去除废水中大部分的有机污染负荷，降低废水色度；利用臭氧氧化进一步氧化降解有机污染物，去除色度、浊度等，强化组合工艺的综合处理效果。

### 5.2.1 技术原理

（1）混凝沉降原理。

混凝是指对混合、凝聚、絮凝的总称，广义上混凝指自然界与人工强化条件下所有分散体系（水与非水或混合体系）中颗粒物失稳聚集长分离的过程。而狭义上指水分散体系中颗粒物在各种物理化学流体作用下所导致的聚集生长过程。

混凝反应是悬浮颗粒从粒径较细、数量较多演变为粒径较大而数量较少的过程，颗粒间的接触（即碰撞）以及接触后的聚集是决定这一过程的致因。颗粒在水中的接触碰撞主要有三种途径：颗粒的布朗运动；颗粒沉降速度的差异；流动水体的水力作用。其中，流动水体的水力作用对加速颗粒混凝起主导作用，混凝设备起决定作用。

颗粒接触碰撞后的聚集沉淀主要取决于混凝剂的吸附架桥能力。亚微观尺度对混凝动力致因的研究表明：微涡流的离心惯性效应是混凝的主要动力，而微涡流剪切力是混凝过程的控制动力因素，因此，对于混凝设备设计的考虑应从能够加强亚微观传质扩散、强化微涡流的产化及其比例，以及控制微涡旋离心惯性效应出发，从而加强混凝颗粒接触碰撞、吸附聚集，形成其有好沉降性能的混凝体。

（2）臭氧氧化原理。

臭氧是一种强氧化剂，它是氧的三原子同素异形体，其三个原子呈三角形排列，具有如图5.2.1所示的四种结构，均有共振现象，尤以前二者最甚。

图 5.2.1 臭氧的四种结构

在通常情况下，臭氧是一种有难闻气味的浅蓝色气体，液态时呈深蓝色，固态时呈紫黑色。臭氧的分子式为 $O_3$，摩尔质量为 48.009g/mol。臭氧能溶于液氨、四氯化碳和氯仿。臭氧在标准压力下的溶解度见表 5.2.1。

表 5.2.1　臭氧在标准压力下的溶解度

| 温度(℃) | 0 | 10 | 20 | 30 | 50 | 60 |
|---|---|---|---|---|---|---|
| 溶解度(mL/L) | 17.4 | 14.6 | 9.2 | 4.7 | 0.4 | 0 |

臭氧不稳定，常温下可以自行分解为氧气，反应如下：

$$O_3 \longrightarrow O_2 + O - 24\text{kcal}$$

$$O_3 + O \longrightarrow 2O_2 + 93\text{kcal}$$

臭氧在常温大气中的半衰期为 16min。气体中臭氧的分解速度因臭氧浓度、温度、压力、杂质等因素的存在而变化很大。温度越高，臭氧的半衰期越短。

溶于水的臭氧在较短时间内之所以迅速分解为氧气，是因为臭氧分解反应被氢氧根所催化，其具体反应如下：

$$O_3 + OH^- \longrightarrow O_2 + HO_2 \cdot$$

$$O_3 + HO_2 \cdot \longrightarrow 2O_2 + \cdot HO$$

$$O_3 + \cdot HO \longrightarrow O_2 + HO_2 \cdot$$

$$2HO_2 \cdot \longrightarrow O_3 + H_2O$$

$$HO_2 \cdot + OH^- \longrightarrow O_2 + H_2O$$

溶解状态的臭氧受 pH 值影响很大，酸性时比较稳定，碱性时分解速度很快。臭氧具有强氧化性，氧化能力仅次于氟($E_0 = 2.78\text{V}$)、O、·OH。臭氧在溶液中的标准电极电位为

$$O_3 + 2H^+ + 2e \Longrightarrow O_2 + H_2O \qquad E_0 = 2.07\text{V}(酸性条件)$$

$$O_3 + H_2O + 2e \Longrightarrow O_2 + 2 \cdot HO \qquad E_0 = 1.24\text{V}(碱性条件)$$

臭氧氧化过程中会产生·OH，·OH 的标准电极电位与其他强氧化剂的比较见表 5.2.2。

表 5.2.2　各种氧化剂的氧化电极电位

| 物质 | 方程式 | 氧化电极电位(V) |
|---|---|---|
| ·OH | $\cdot OH + H^+ + e \Longrightarrow H_2O$ | 2.80 |
| 臭氧 | $O_3 + 2H^+ + 2e \Longrightarrow H_2O + O_2$ | 2.07 |
| 过氧化氢 | $H_2O_2 + 2H^+ + 2e \Longrightarrow 2H_2O$ | 1.77 |
| 高锰酸钾 | $MnO_4^- + 8H^+ + 5e \Longrightarrow Mn^{2+} + 4H_2O$ | 1.51 |
| 二氧化氯 | $ClO_2 + e \Longrightarrow Cl^- + O_2$ | 1.50 |
| 氯气 | $Cl_2 + 2e \Longrightarrow 2Cl^-$ | 1.30 |

表5.2.2中数据表明，羟基自由基比其他一些常用的强氧化剂具有更高的氧化电极电位，因此，·OH是一种很强的氧化剂。

羟基自由基的电子亲和能为569.3kJ，容易进攻高电子云密度点，这就决定了·OH的进攻具有一定的选择性。当碳—碳双键存在时，除非被进攻的分子具有高度活性碳氢键，否则，将发生加成反应。由此，·OH在降解废水时有以下一些特点：①·OH是高级氧化过程的中间产物，作为引发剂诱发后面的链反应发生，对难降解的物质特别适用；②·OH能够无选择地与废水中的任何污染物发生反应，将其氧化为$CO_2$、水或盐，而不会产生新的污染；③·OH氧化是一种物理化学过程，比较容易控制；④·OH氧化反应条件温和，容易得到应用。

臭氧和羟基自由基是两种强氧化剂。臭氧可以直接和化合物反应，也可以通过产生的羟基自由基与化合物反应。羟基自由基亦可由其他方式产生，高级氧化过程（AOPs）就是催化产生的·OH的方法。

在水溶液中，臭氧可以通过两种不同途径与物质反应，直接反应与间接反应。不同的反应途径产生不同的氧化产物，而且受不同类型的动力学机理控制。分子臭氧通过亲核或亲电作用直接参与反应；水中臭氧在碱等因素作用下分解产生的活泼自由基，主要是·OH与污染物反应。

（3）臭氧氧化常用催化剂。

催化臭氧氧化作为高级氧化技术（AOPs）中一种新兴的、高效的废水处理方法。在催化剂的作用下臭氧氧化过程会产生大量的羟基自由基（·OH），可与大多数有机污染物发生快速的链式反应，将大分子有机物破环降解成可生物处理的小分子有机物，受到了学术界以及相关行业的高度重视。臭氧催化氧化原理包括均相催化氧化和非均相催化氧化。

臭氧与水中的有机物的反应过程十分复杂，均相臭氧催化氧化主要分为两种机理：一种是金属离子分解臭氧生成自由基；另一种是废水中的有机物与金属离子形成络合物，随后与络合物发生氧化反应。

目前被大部分研究者认可的非均相催化氧化作用机理有自由基反应机理、表面配位络合机理、协同作用机理。

由于均相催化剂以过渡金属离子形态存在，在实际应用过程中容易造成流失浪费，大多数金属离子对环境有害以及过渡金属离子的浓度较低对于过渡金属离子的分离回收十分困难。非均相臭氧催化体系的优势易于分离回收，无二次污染，并且能长时间保持较高的活性、稳定性。因此，非均相催化臭氧氧化体系较前者应用更广泛。

在工业中应用的本体催化剂和载体绝大部分是金属氧化物，金属氧化物可分为两类，一类是过渡金属氧化物；另一类是非过渡金属氧化物。工业中应用较多的是过渡金属氧化物为活性组分的催化剂，有$MnO_2$、$TiO_2$、$Al_2O_3$、$ZnO$、$MgO$。除金属氧化物外，常用的催化剂类型还有负载型催化剂、碳基和矿物质基型催化剂。负载型催化剂相对于金属氧化物催化剂具有较高的比表面积以及适宜的孔结构，载体和活性组分的相互作用，能够进一步对活性组分产生调变效应，可以大大降低活性组分的烧结和团聚，并增强机械强度，提高利用率。常用的矿物型催化剂有青石、钙钛矿等。

新疆油田臭氧氧化采用的催化剂是活性炭。活性炭在催化过程中起吸附和催化作用。活性炭具有丰富的孔隙结构、大的比表面积和很好的吸附性能，可作为优良的催化剂或载体材料。由于它具有良好的吸附性能，能有效促进臭氧和有机物吸附到催化剂表面，提高有机物的降解速率。活性炭催化剂吸附促进臭氧氧化可能有三种作用方式：①臭氧被吸附到催化剂表面生成高活性的中间物种（如羟基自由基等强氧化性物种），与未被吸附的有机物发生反应，提高臭氧的氧化效率；②有机物被吸附到催化剂表面，形成有亲和性的表面螯合物，进而与臭氧发生活化能较低的快速反应；③臭氧与有机物均被吸附到催化剂表面，在催化剂表面臭氧催化分解生成强氧化性的自由基，有机物的吸附和臭氧的活化协同作用，取得更好的氧化效果。

活性炭是具有催化活性的物质，在其表面存在着大量的自由基、含氧等官能团，并且具有优良电子性能，使活性炭具有一定的催化性能。研究者们推测，溶液中颗粒活性炭（GAC）催化臭氧氧化的反应途径如图 5.2.2 所示。在酸性条件下[图 5.2.2（a）]，臭氧与有机物发生吸附、在催化剂表面的反应；在中性和碱性条件下[图 5.2.2（b）]，主要发生自由基反应。

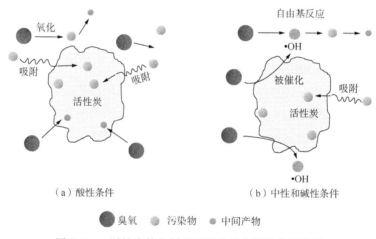

（a）酸性条件　　　　　　　　　　（b）中性和碱性条件

图 5.2.2　活性炭催化剂表面发生的主要反应示意图

在酸性条件下，反应过程主要为臭氧的吸附氧化，此时臭氧的选择性和反应速率的限制，很难使有机物彻底消除。而在碱性条件下，臭氧在催化剂的作用下产生大量的羟基自由基（·OH），羟基自由基具有比臭氧更强的氧化能力，且反应无选择性，若在反应器内充填活性炭不仅增加了气液接触面积，而且强化了反应效果。含盐废水中含有的大量有机物，主要以大分子、长链烷烃和外加有机物添加剂为主，臭氧催化氧化的作用将难降解的有机物、挥发酚分解成低分子量、小分子物质，甚至可直接降解为 $CO_2$ 和 $H_2O$，达到无害化目的。臭氧活性炭组合技术处理费用低，效果稳定，据报道该工艺对该废水可生化性的提高效果远远大于单独臭氧氧化和活性炭吸附的提高效果之和。

### 5.2.2 技术效果影响因素

（1）混凝作用的影响因素。

新疆油田混凝沉降系统对 COD、挥发酚、氨氮的去除效果如图 5.2.3 所示。

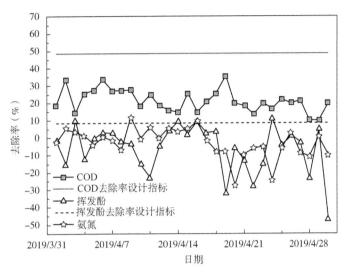

图 5.2.3 混凝沉降系统对废水中污染物的去除效果

混凝沉降系统对水中 COD 的去除率为 9.7%～35.4%，平均去除率为 21.4%，小于设计指标 48.6%；而对挥发酚的去除率为 1.5%～10.6%，平均去除率为 5.4%，挥发酚的去除设计指标为 8.6%，其中只有 4 天能够达到设计值；对氨氮的去除率为 0.3%～12.1%，无设计指标。由此可知：混凝沉降系统在一定程度上能够去除废水中的还原性物质（COD），但没有达到设计指标，对于挥发酚和氨氮类物质去除效果不理想。

混凝沉降系统去除率低的主要原因是卧式反应器在运行过程中存在以下问题：一是含盐废水中氯离子浓度高、矿化度高，抑制混凝剂和絮凝剂的水解，药剂不能达到预期效果；二是药剂反应时间不足，混凝和沉降反应不充分，一部分未来得及反应的有机物进入后端管线和臭氧反应器，造成大量污泥在系统中循环；三是排泥自动化程度低，手动操作排泥效率低，排泥时间和时长不精确。

为解决上述问题，采取了以下几项优化措施：①在前段设置的均质调节池采用加药沉淀工艺，降低高含盐废水中的氯离子、矿化度的影响。②将并联的卧式反应器改为串联，加药位置不变。串联使得反应时间增长且更充分，提高混凝沉降系统的去除率。③加强管理，合理优化排泥系统及排泥机制，延长静置时间。④提高排泥的自动化程度，确保排泥时间和时长的精确。

（2）臭氧氧化影响因素。

臭氧氧化系统目前由 2# 和 3# 两台臭氧反应器并联使用。两台反应器对还原性物质、挥发酚以及氨氮的去除效果如图 5.2.4 至图 5.2.9 所示。

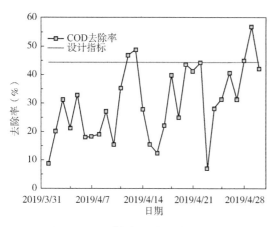

图 5.2.4　2#臭氧反应器中还原性
物质去除情况

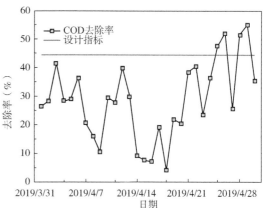

图 5.2.5　3#臭氧反应器中还原性
物质去除情况

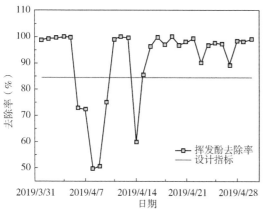

图 5.2.6　2#臭氧反应器中挥发酚去除情况

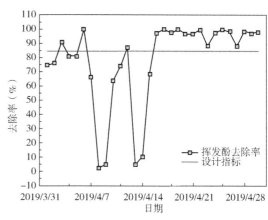

图 5.2.7　3#臭氧反应器中挥发酚去除情况

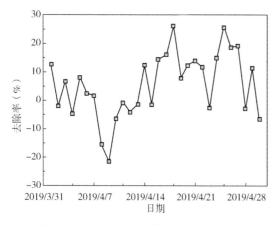

图 5.2.8　2#臭氧反应器中氨氮去除情况

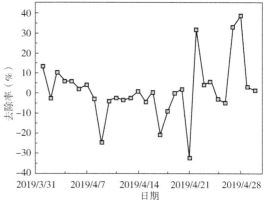

图 5.2.9　3#臭氧反应器中氨氮去除情况

2#臭氧反应器对 COD 的去除率为 7% ~ 56.8%，平均去除率为 30%；3#臭氧反应器为 4.23% ~ 54.8%，平均去除率为 28.6%，2#臭氧反应器对还原性物质的去除效果稍好于 3#臭氧反应器，但是均未达到设计指标(44.4%)，出水 COD 达标率仅为 66.7% ~ 70%。臭氧反应器对挥发酚的去除效果较好，2#反应器的去除率为 49% ~ 99.9%，平均去除率为 90.5%；3#反应器的去除率在 2.1% ~ 99.9%，平均去除率为 87.5%，两个反应器的去除率均超过设计指标(84.4%)。图 5.2.8 和图 5.2.9 为氨氮的去除率分别为 10.76% ~ 13.13%，臭氧反应器对氨氮有一点去除作用，但效果不佳。从图 5.2.8 和图 5.2.9 中看出氨氮的去除率存在负值，说明出口氨氮的含量大于进口氨氮的浓度，说明含盐废水中有机氮被臭氧氧化成氨氮。分析其受如下主要因素影响：

① 悬浮固体(SS)的影响。

在运行时，SS 堵塞了活性炭填料的孔隙结构，减少臭氧与废水中 COD 的接触面积，降低反应效率；SS 自身也会吸附一些有机物或本身含有的还原性物质，使得 COD 检测值偏高。通过实验验证发现控制原水是否过滤这个变量发现 COD 的检测值存在差异，未过滤的含盐废水 COD 浓度为 263.23mg/L，而经过过滤处理的原水 COD 检测值比原水低 33mg/L，表明采出水经过过滤系统后，一部分的悬浮固体被过滤掉，使得 COD 值变小。

② Cl⁻的影响。

高含盐废水中的 Cl⁻浓度(3100 ~ 7600mg/L)和矿化度[(6 ~ 13) × 10⁴mg/L]都很高，Cl⁻的存在会对臭氧催化氧化反应有抑制作用。氧化性强的臭氧和·OH 能将 Cl⁻氧化成 Cl₂。所以，当体系存在大量 Cl⁻时，会消耗掉大部分臭氧和·OH，从而削弱了整体的氧化能力，使 COD 和挥发酚的去除效果不佳。

③臭氧的投加方式不合理。

臭氧和含盐废水是通过射气浮流设备混合插入活性炭层的底部完成混合和反应，射流气浮设备由射流泵和射流器组成，被广泛应用于水处理工艺中。射流器采用的是文丘里管工作原理，即在运行时，利用射流泵形成高速高压的水流进射流器，水流通过喷嘴高速碰触，在吸入室内形成负压区，臭氧不断被吸入管中，臭氧和污水因流速的差异在喉管部位进行激烈的能量交换，形成强烈的紊流，臭氧被粉碎成微小的气泡和污水均匀混合。气水混合体流入扩散管后流速降低，动能被转化为压力势能，臭氧在高压作用下和污水进一步混合，最终气水混合体从扩散管喷出进入活性炭层进一步反应。从图 5.2.10 可以看出，臭氧这样的投加方式，造成臭氧分布不均匀，接触时间短，反应不彻底，未分布到臭氧的活性炭床层只能单纯起到过滤的作用。

④活性炭容易遭污染。

高矿化度、高硬度、高 Cl⁻的含盐废水在运行过程中会在活性炭微孔表面形成碳酸钙沉淀，堵塞活性炭的孔隙结构，减少活性炭的表面积。当沉淀物积累到一定程度后，填料被黏结，使得出水不合格。

为解决上述问题，采取了以下措施：a. 在臭氧反应器前加装精密过滤器；b. 在前段均质调节池利用加药沉淀法降低含盐废水中的氯离子和矿化度；c. 在臭氧反应器前段设置臭氧溶气装置和稳压罐(0.4~0.7MPa)，并将射流器外置(图5.2.11)，不仅增加了臭氧在废水中的分散度，还充分利用臭氧反应器底部的布水器将臭氧均匀地投加到活性炭层，增加反应介质的接触面积，提高臭氧的催化氧化效率，达到降低废水中难降解有机物的含量的目的；d. 选择改性型活性炭，提高臭氧的催化效率和活性炭的耐用性。

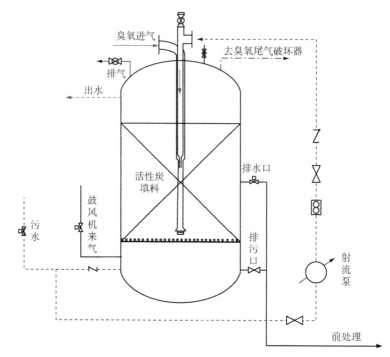

图 5.2.10    臭氧反应器结构简图

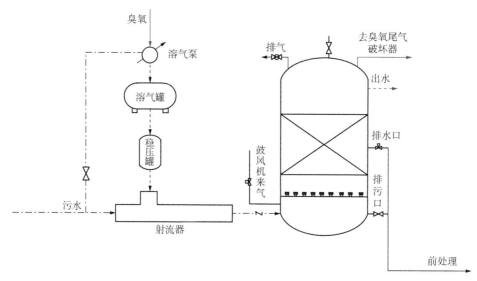

图 5.2.11    优化后的臭氧反应系统

### 5.2.3 关键设备

（1）均质调节池。

为解决达标外排进水水质、水量波动超标的问题，在混凝卧式反应器前扩建了均质调节池，其结构原理如图 5.2.12 所示。

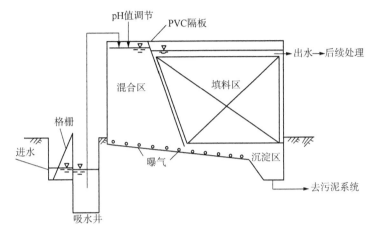

图 5.2.12　均质调节池结构原理图

下部进水、上部出水的方式代替通常使用的回转式廊道、平流式进水，更易实现水质、水量均匀混合。废水中微粒在池中受多向力的作用，竖向流较水平流更易因粒子差异形成絮流式混合。均质调节池对悬浮物（SS）或可沉淀污染物达到部分去除后，可大大减轻后续处理负荷，降低处理成本。

（2）卧式压力反应器。

卧式压力反应器分为反应室和沉降室，现场建造有两座反应器，可并联或串联使用，单座设计参数为：罐体总长度为 19m，罐体直径为 3.6m，单罐设计处理水量为 110m³/h，絮凝时间为 10min，设计工作压力为 0.6MPa。

（3）臭氧催化氧化系统。

臭氧催化氧化系统由 PSA 制氧系统、臭氧发生系统、尾气破坏系统、催化氧化反应系统及控制系统等组成，其工艺流程如图 5.2.13 所示。该系统的臭氧产量为 5kg/h，额定功率为 40kW，工作压力为 0.095MPa，额定气量为 50m³/h。

PSA 变压吸附空分制氧机是以压缩空气为原料，采用新型吸附剂碳分子筛，在常温下利用变压吸附原理，将空气中氧气和氮气加以分离，从而获得纯度大于 90% 的氧气。

臭氧发生系统采用先进的微间隙双边放电法，臭氧发生器罐体本身和内部的放电室及冷却水为接地极，高压电加到金属不锈钢电极上，金属电极与介电体之间保持一定的间隙，介电体层和臭氧发生器罐体接地极之间形成了高压电场，氧气经过时通过高压电晕放电转化为臭氧。氧气转化为臭氧的过程中释放热量，必须通过发生器水腔的冷却水带走热量以促进臭氧的转化效率，因此冷却水对臭氧制备非常重要。

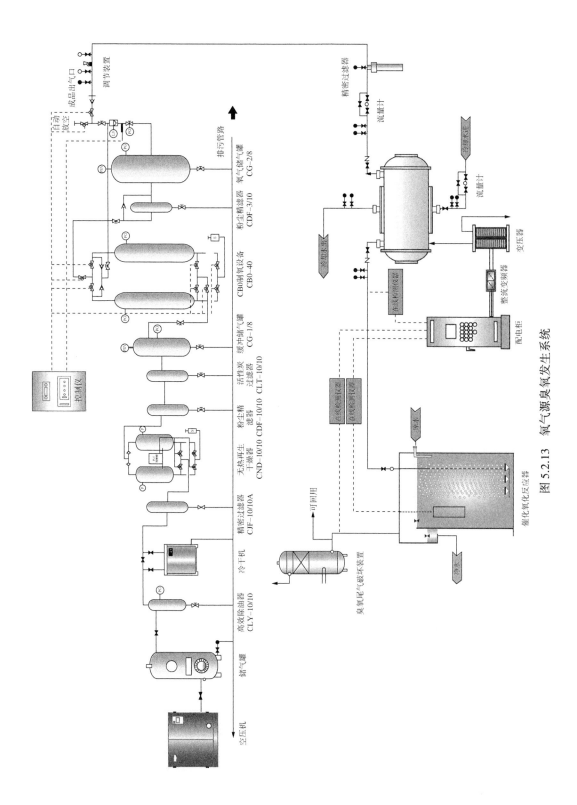

图 5.2.13　氧气源臭氧发生系统

催化氧化反应系统是整个系统的关键。要提高其氧化效率，关键点有3个：一是要提高臭氧与废水的混合速度；二是要提高臭氧与污染物的反应速率；三是要臭氧在催化剂作用下形成氧化性更强的羟基自由基作为氧化剂参与反应。本装置的专有组件实现了臭氧与废水的高效混合，增大了臭氧与废水中有机废物的反应速率，保障臭氧的高效利用。与传统的臭氧鼓泡式反应塔相比，该装置的反应路径增加了2倍以上，臭氧的利用效率提高了20%~30%。此外，该装置结构紧凑，使用安装方便，有效减小运行费用。其内置的催化剂可以极大地提高催化效果。

如图5.2.13所示，原料空气经压缩机压缩后进入储气罐，稳压后进入高效除油器（三级过滤）除去大部分油、水、尘埃，然后进入冷冻式干燥机，接着进入精密过滤器，再进入填充颗粒状活性炭的活性炭除油器，使残油含量不大于0.01mg/L，过缓冲储气罐后进入两个填装吸附剂的变压吸附分离系统，即制氧机组。合格的原料气源由调压阀调压，经压力表、温度表现场显示后进入臭氧放电室。在臭氧放电室内的中频高压电场内，部分氧气变成臭氧，经压力、温度、流量监测、调节后经射流器进入催化氧化反应器，与罐内水充分接触反应。图5.2.14为臭氧反应器的现场装置图，尺寸为$\phi 2.8m \times 5.5m$。单台处理量为55m³/h，工作压力为常压，上升流速为2.5m/h，停留时间2h。

图5.2.14　臭氧反应器现场装置图

# 6  现场应用效果

新疆油田稠油采出水回用锅炉主要采用重力沉降、旋流反应、混凝沉降、压力过滤、树脂软化等处理工艺。该技术与传统的化学方法相比,抗来水水质波动能力强,运行维护简单,流程简化,投资较低。采出水外排主要采用微生物处理工艺,具有处理成本低、处理效果稳定、易管理的特点。

## 6.1  红浅稠油采出水处理应用情况

(1)红浅稠油采出水处理效果分析。

红浅稠油采出水处理系统建成于2009年,设计处理规模为20000m³/d。采用重力除油、旋流反应、混凝沉降、压力过滤工艺流程,采出水处理达标后回用到红浅、红003和四2区的注汽锅炉。随着油田不断开发,含水率上升,红浅稠油采出水处理系统已建规模不能满足处理水量需求,2014年对采出水处理系统进行扩建,扩建后规模为25000m³/d,工艺流程如图6.1.1所示。

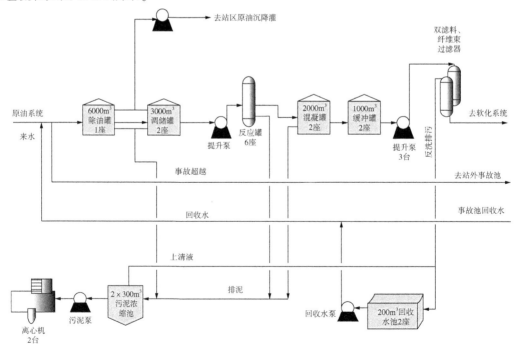

图 6.1.1  红浅稠油采出水处理工艺流程

工艺流程简述：系统来水(温度≤70℃，含油量≤1000mg/L、悬浮物≤300mg/L)进1座6000m³除油罐及2座3000m³调储罐进行均质均量处理，经处理后水中含油量小于100mg/L，悬浮物小于150mg/L，在其出水管线上连续投加三种药剂后，再进入6座反应器和2座2000m³沉降罐反应沉淀，对大部分浮油及悬浮物进行处理，采出水进入2座1000m³过滤缓冲罐后，再经过两级过滤，使水中含油量不大于2mg/L，悬浮物不大于5mg/L，采出净化水输送至软化站处理后送至注汽站回用锅炉。

红浅稠油采出水处理系统自2009年运行以来，处理效果较好，处理站出水水质情况见表6.1.1。处理后的含油量平均在2mg/L以下，悬浮物平均含量在5mg/L，处理后出水经软化后满足回用锅炉的水质要求。

**表 6.1.1 红浅稠油采出水处理站处理出水水质**

| 水质指标 | 含油量(mg/L) | 悬浮物(mg/L) | 总硬度(mg/L) |
| --- | --- | --- | --- |
| 原水 | 785 | 138 | 90~160 |
| 出水 | 0~2 | 0~2 | 90~160 |

(2) 红浅高含盐废水处理效果分析。

红浅高含盐废水处理系统建成于2020年，设计处理规模为4800m³/d，采用"水解酸化+接触氧化"微生物处理工艺，该工艺具有处理成本低(仅投加菌种营养液类)、处理效果稳定、易管理的优势。处理后水质指标满足 GB 8978—1996《污水综合排放标准》二级排放指标要求，其中 COD 不大于 150mg/L，含油量不大于 8.0mg/L、氨氮不大于 25mg/L，挥发酚不大于 0.5mg/L，SS 不大于 20mg/L，工艺流程如图 6.1.2所示。

工艺流程简述：来水(COD≤500mg/L，含油量≤200mg/L，悬浮物≤200mg/L，氨氮≤50mg/L，$T=70℃$)经计量后进入换热器换热和冷却塔冷却，换热器出口温度为50℃，冷却塔出口温度为35℃，冷却塔出水经提升泵提升至水解酸化池，在水解酸化池内通过投加微生物联合菌种，水解酸化大分子以及难降解的有机物，提高污水的可生物性，确保接触氧化池的处理效果；出水自流进接触氧化池，在接触氧化池内通过投加微生物联合菌群，氧气与污染物在水中扩散，菌群对不同有机物进行有针对性的降解；出水进入二沉池，经沉降分离去除前两段流程脱落的生物膜，起到污泥、水分离作用，对污水处理的效果具有保障作用。出水(COD≤150mg/L，含油量≤8.0mg/L，氨氮≤25mg/L，SS≤20mg/L)自流外输水池。经外输水泵提升至换热器换热后，外排至红浅生物氧化塘达标外排。

红浅稠油达标外排处理系统自2021年运行以来，处理效果较好，处理系统出水水质情况见表6.1.2。处理后 COD 平均含量在108mg/L，氨氮平均含量在3mg/L，含油量平均在5.4mg/L，悬浮物含量在9mg/L，$BOD_5$平均含量在22mg/L，处理后的含盐废水水质均能满足 GB 8978—1996《污水综合排放标准》指标。

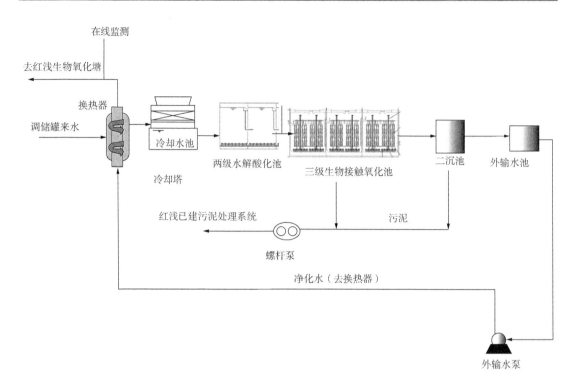

图 6.1.2　红浅稠油采出水达标外排工艺流程

表 6.1.2　红浅稠油采出水外排处理出水水质

| 水质指标 | 石油类（mg/L） | 悬浮物（mg/L） | $COD_{Cr}$（mg/L） | $BOD_5$（mg/L） | $NH_3$−N（mg/L） |
|---|---|---|---|---|---|
| 原水 | 86 | 38 | 161 | 41.8 | 3 |
| 出水 | 5.4 | 9 | 108 | 22 | 3 |
| GB 8978—1996《污水综合排放标准》 | 10 | 150 | 150 | 30 | 25 |

## 6.2　六九区稠油采出水应用情况

（1）六九区稠油采出水处理效果分析。

六九区稠油采出水处理系统于 2001 年 9 月建成投产，设计处理规模为 42000m³/d，实际处理能量为 27876m³/d。截至 2021 年底，采出水处理系统综合水质达标率为 100%，站场负荷率为 71.4%，出水水质指标满足外排及回用锅炉要求，工艺流程如图 6.2.1 所示。

工艺流程简述：利用自然沉降工艺段中油、悬浮固体和水的密度差，依靠重力进行油、悬浮固体和水的分离，除掉大部分浮油和一部分分散油及大颗粒悬浮固体，经处理后水中含油不大于 50mg/L，悬浮物不大于 30mg/L，再经混凝沉降工艺去除水中的细小悬浮颗粒及油分，使水中含油不大于 10mg/L，悬浮物不大于 20mg/L，再经两级压力过滤，一级为多介质过滤，二级采用纤维球过滤，处理后的水质中含油不大于 2mg/L，悬浮物不大

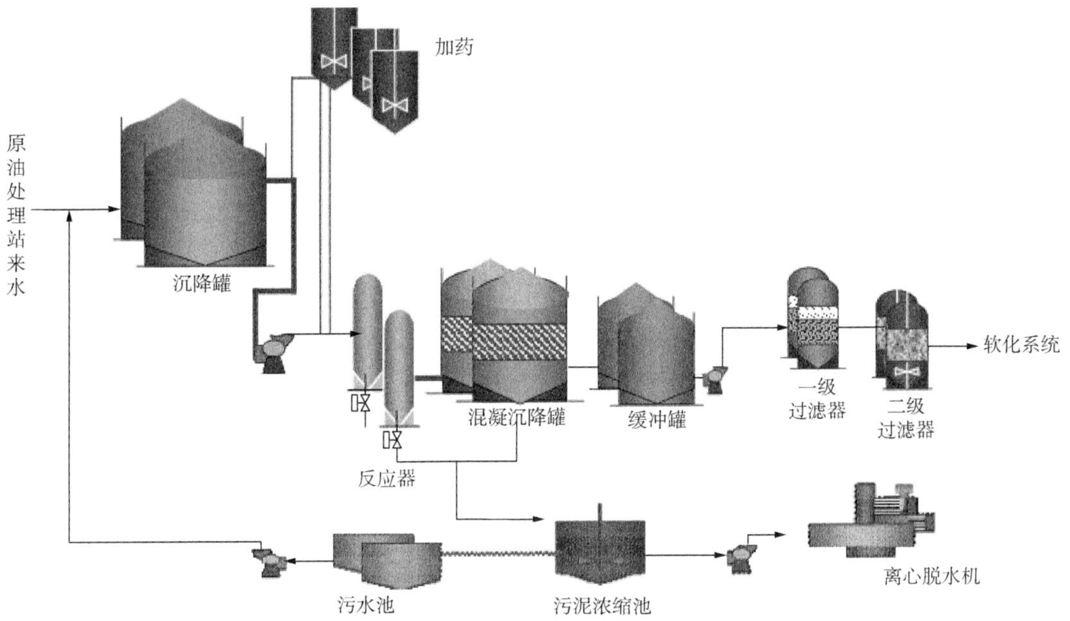

图 6.2.1　六九区稠油采出水处理流程

于 5mg/L，出水输送至软化站处理后送至注汽站回用锅炉。

六九区稠油采出水处理系统自 2001 年运行以来，处理效果较好，处理后出水水质情况见表 6.2.1，处理后含油量平均为 0.8mg/L，悬浮物平均含量为 3.95mg/L，总铁平均含量在 0.2mg/L 以下，总硬度平均含量为 162mg/L，出水水质满足回用锅炉要求。

表 6.2.1　六九区稠油采出水处理出水水质

| 水质指标 | 含油量（mg/L） | 悬浮物（mg/L） | 总硬度（mg/L） |
|---|---|---|---|
| 原水 | 228 | 75 | 162 |
| 出水 | 0.8 | 3.95 | 162 |

（2）六九区高含盐废水处理效果分析。

六九区高含盐废水处理系统于 2017 年 9 月建成投产，设计处理规模为 4800m³/d，该系统主要由来水管网、冷却缓冲单元、生物氧化单元、气浮除泥单元、外输单元及生物氧化塘组成，目前处理水量约为 3500m³/d。出水水质指标满足外排及回用锅炉要求，工艺流程如图 6.2.2 所示。

工艺流程简述：供热站及软化站来含盐废水（$T = 45 \sim 50$℃）至冷却塔，降低温度（$T = 35 \sim 40$℃）后进入接收水池，出水进入生物反应系统，在接触氧化池内通过投加微生物联合菌群，氧气与污染物在水中扩散，菌群对不同有机物进行有针对性的降解；出水进固液分离单元，经气浮机去除前两段流程脱落的生物膜，起到污泥、水分离作用，防止有机污染，对污水处理的效果具有保障作用。上清液自流至 $2 \times 200$m³ 缓冲水池。经外输泵提升至氧化塘系统。

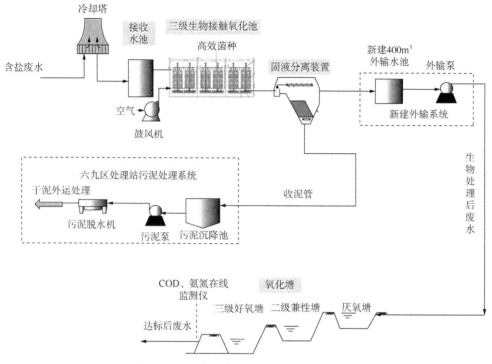

图 6.2.2  六九区高含盐废水处理工艺流程

六九区高含盐废水处理系统自 2017 年 9 月运行以来，处理效果较好，处理后出水水质见表 6.2.2。处理后 COD 平均含量在 110mg/L，氨氮平均含量在 5mg/L，石油类平均含量在 8.6mg/L，悬浮物含量在 17mg/L，BOD 平均含量在 25mg/L，处理后的含盐废水水质均能满足 GB 8978—1996《污水综合排放标准》指标。

表 6.2.2  六九区采出水外排处理出水水质

| 水质指标 | 石油类(mg/L) | 悬浮物(mg/L) | $COD_{Cr}$(mg/L) | $BOD_5$(mg/L) | $NH_3-N$(mg/L) |
|---|---|---|---|---|---|
| 原水 | 132 | 88 | 302 | 64.2 | 4.92 |
| 出水 | 8.6 | 17 | 110 | 25 | 5 |
| GB 8978—1996《污水综合排放标准》 | 10 | 150 | 150 | 30 | 25 |

## 6.3  风城油田稠油采出水应用情况

（1）风城油田稠油采出水处理效果分析。

风城作业区稠油采出水处理能力为 70000m³/d，处理净化采出水主要作为风城作业区稠油开发注汽锅炉的水源，其中风城油田稠油处理 A 站分两期建成，一期采用"重力除油+化学混凝除硅+压力过滤工艺+高温反渗透除盐"于 2008 年 12 月建成投产，处理能力为 20000m³/d，二期采用"重力除油+化学混凝除硅+气浮+压力过滤"于 2012 年 12 月建成投产，处理能力为 10000m³/d，工艺流程如图 6.3.1 所示。风城油田稠油处理 B 站采用"重力除油+化学混凝除硅+压力过滤工艺+高温反渗透除盐"于 2013 年 9 月建成投产，处理能力为 40000m³/d，处理后水质的含油、悬浮物含量及硬度均可达到锅炉进水的水质要求，工艺流程如图 6.3.2 所示。

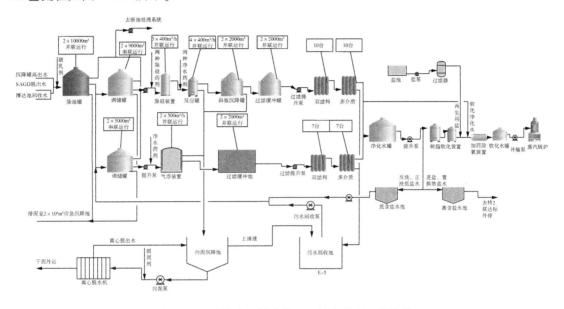

图 6.3.1　风城油田稠油处理 A 站水处理工艺流程

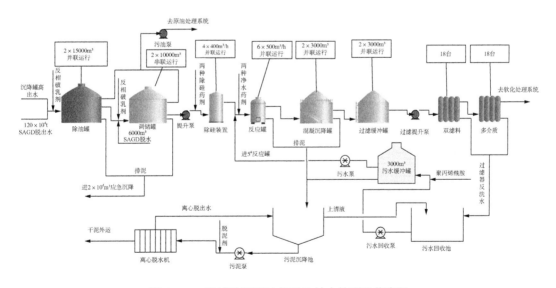

图 6.3.2　风城油田稠油处理 B 站水处理工艺流程

针对高温反渗透膜的浓盐水，2020 年风城建设了超稠油采出水深度处理站，设计处理规模为 3500m³/d，采用机械蒸汽压缩（MVC）降膜蒸发处理工艺，对浓盐水进行蒸发除盐后的净化水回用注汽锅炉。该工艺首次在大型降膜蒸发器中采用改性钛板，实现垢自动剥离，解决蒸发装置结垢难题，现场运行效果 MVC 装置产水率为 90%，产水矿化度为 20～40mg/L，脱盐率不小于 98%。工艺流程如图 6.3.3 所示。

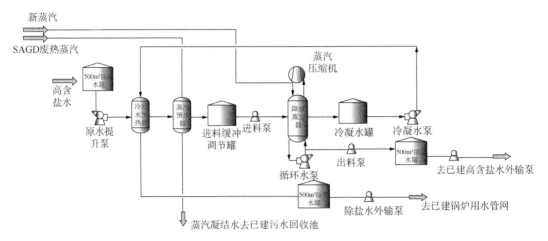

图 6.3.3　风城油田 MVC 深度处理工艺流程图

① 除硅处理效果。

2014 年 10 月，风城油田稠油处理 B 站采出水实现了全面除硅，2014 年 12 月，风城油田稠油处理 B 站 40000m³/d 采出水除硅工业化装置投产，使用专用的反应器后，进一步提高了除硅效果，实现了风城油田稠油处理 B 站采出水全面的高效除硅，使锅炉给水的含硅量进一步降低，如图 6.3.4 所示。

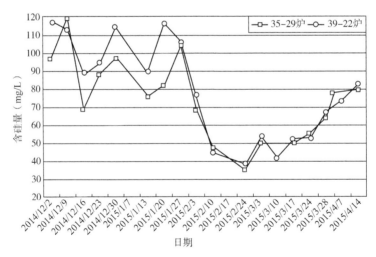

图 6.3.4　锅炉给水含硅量变化趋势

② 除盐处理效果。

2015 年 11 月，风城油田稠油处理 B 站 6000m³/d 采出水除盐工业化装置建成，初期 1500m³/d 单台装置投产，运行状况和水质监测情况见表 6.3.1 和表 6.3.2。经过长时间稳定运行，风城油田稠油处理 B 站的采出水氯离子浓度降至 2400mg/L 左右，矿化度降至

400mg/L左右，装置产水率不小于70%，由此反映出高温膜除盐对降低污水矿化度起有显著作用。

**表 6.3.1　反渗透除盐运行状况**

| 序号 | 日进水<br>（m³） | 来液电导率<br>（μS/cm） | 日产水<br>（m³） | 产水电导率<br>（μS/cm） | 外排水量<br>（m³） | 回收率<br>（%） |
|---|---|---|---|---|---|---|
| 1 | 2428.2 | 17093 | 1964.4 | 1328 | 463.8 | 80.90 |
| 2 | 2428.2 | 17093 | 1964.4 | 1328 | 463.8 | 80.90 |
| 3 | 2240.4 | 17249 | 1731.6 | 1403 | 508.8 | 77.29 |
| 4 | 2207.2 | 18021 | 1549.0 | 1514 | 658.2 | 70.18 |
| 5 | 2131.8 | 17818 | 1508.2 | 1247 | 623.6 | 70.75 |
| 6 | 2072.6 | 17499 | 1472.4 | 1334 | 600.2 | 71.04 |
| 7 | 2038.2 | 18547 | 1546.4 | 1504 | 491.8 | 75.87 |
| 8 | 2470.4 | 18005 | 1788.6 | 1377 | 681.8 | 72.40 |
| 9 | 2466.6 | 17843 | 1749.0 | 1552 | 717.6 | 70.91 |
| 10 | 2287.4 | 18317 | 1599.0 | 1549 | 688.4 | 69.90 |

**表 6.3.2　反渗透除盐水质监测数据**

| 序号 | 来水氯离子(mg/L) | 产水氯离子(mg/L) | 来水矿化度(mg/L) | 产水矿化度(mg/L) |
|---|---|---|---|---|
| 1 | 2587.0 | 196.4 | 4848.5 | 568.5 |
| 2 | 2616.6 | 211.3 | 4934.9 | 578.3 |
| 3 | 2579.6 | 201.3 | 4818.0 | 554.2 |
| 4 | 2466.9 | 77.1 | 4390.0 | 304.6 |
| 5 | 2587.0 | 70.4 | 4861.9 | 301.1 |
| 6 | 2380.9 | 204.6 | 4490.5 | 586.8 |
| 7 | 2428.4 | 158.0 | 4505.4 | 482.1 |
| 8 | 2434.3 | 119.1 | 4583.3 | 403.8 |
| 9 | 2466.9 | 225.0 | 4620.6 | 567.3 |
| 10 | 2392.0 | 182.8 | 4510.6 | 450.0 |

③ MVC 深度处理效果。

2020 年 10 月，风城油田稠油处理 B 站建成 3500m³/d 超稠油采出水深度处理站，运行状况和水质监测情况见表 6.3.3 和表 6.3.4。现场运行效果：MVC 装置产水率大于90%，产水矿化度不大于 40mg/L，脱盐率不小于 98%。

表 6.3.3 MVC 深度处理运行状况

| 序号 | 日进水（m³） | 来液电导率（μS/cm） | 日产水（m³） | 产水电导率（μS/cm） | 浓水量（m³） | 产水率（%） |
|---|---|---|---|---|---|---|
| 1 | 1962 | 18100 | 1798 | 35 | 164 | 92% |
| 2 | 1831 | 17450 | 1735 | 31 | 96 | 95% |
| 3 | 1814 | 17125 | 1700 | 30 | 114 | 94% |
| 4 | 1862 | 15648 | 1748 | 32 | 114 | 94% |
| 5 | 1928 | 15750 | 1797 | 32 | 131 | 93% |
| 6 | 1746 | 16950 | 1643 | 41 | 103 | 94% |
| 7 | 1511 | 16433 | 1400 | 32 | 111 | 93% |
| 8 | 1814 | 16753 | 1674 | 32 | 140 | 92% |
| 9 | 1767 | 18375 | 1685 | 46 | 82 | 95% |
| 10 | 1828 | 15100 | 1717 | 34 | 111 | 94% |

表 6.3.4 MVC 进出水水质检测数据

| 序号 | 含油（mg/L） | 悬浮物（mg/L） | 二氧化硅（mg/L） | 硬度（mg/L） | 矿化度（mg/L） |
|---|---|---|---|---|---|
| 进水 | ≤5 | ≤2 | ≤350 | ≤20 | ≤16000 |
| 出水1 | 2.0 | 1.5 | 4.3 | 0.1 | 45.8 |
| 出水2 | 1.9 | 2.0 | 2.9 | 0.1 | 47.3 |
| 出水3 | 1.5 | 1.3 | 3.2 | 检不出 | 48.9 |
| 指标 | ≤2 | ≤2 | ≤10 | ≤0.1 | ≤50 |

（2）风城油田高含盐水处理效果分析。

风城油田生产废水处理站建成于 2015 年 12 月，主要处理风城油田稠油处理 A、B 站的软化树脂再生过程中进盐和置换阶段排放的高含盐废水（60~65℃），设计规模为 2500m³/d，采用"混凝沉降+臭氧催化氧化"，主要设备为卧式压力反应器和催化氧化反应器，投加混凝剂和絮凝剂 2 种药剂，截至 2017 年 12 月，处理水量约为 1700m³/d，累计处理水量为 90×10⁴m³。主要工艺流程如图 6.3.5 所示。考虑油田公司外排减量和节约水处理成本等要求，风城油田加大回用、减小外排，达标外排装置已于 2021 年 9 月停运。

风城油田生产废水处理站各节点水质监测结果见表 6.3.5。监测结果显示，处理后的 COD 去除率为 52%，石油类去除率为 90.2%，悬浮物去除率为 88.2%，氨氮去除率为 98.0%。

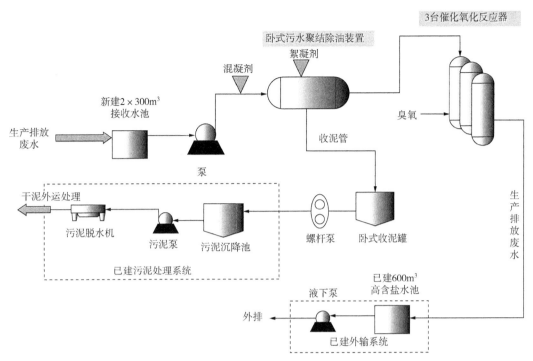

图 6.3.5　风城生产废水达标处理工艺流程图

**表 6.3.5　风城油田生产废水处理站水质监测数据**

| 水质指标 | 石油类（mg/L） | 悬浮物（mg/L） | COD（mg/L） | 挥发酚（mg/L） | 氨氮（mg/L） |
|---|---|---|---|---|---|
| 原水 | 7.52~8.88 | 40~240 | 180~240 | 1.0~2.5 | 5.58~6.31 |
| 出水 | 0~5.01 | 0~20 | 110~150 | 0~0.5 | 0~2.98 |
| GB 8978—1996《污水综合排放标准》 | 10 | 150 | 150 | 0.5 | 25 |

## 6.4　应用情况总结

2000 年以来，新疆油田公司持续不断地开展油田采出水处理关键技术研究与工业化应用，经过 20 余年的攻关研究，形成适合于新疆油田的采出水处理技术，建成稠油采出水处理站 6 座，达标外排处理站 3 座。通过以上各采出水处理工艺的应用情况分析，新疆油田稠油采出水处理系统整体运行平稳，各处理站出水水质均可满足回用锅炉或达标外排指标要求。

（1）采用离子调整旋流反应技术处理常规稠油采出水，建成稠油采出水处理站 6 座，设计规模为 $16 \times 10^4 \mathrm{m}^3/\mathrm{d}$，实际处理量合计 $12 \times 10^4 \mathrm{m}^3/\mathrm{d}$，处理后水质满足普通锅炉指标要求。

（2）采用"除硅净化+高温反渗透+MVC"工艺技术处理高温高含硅高矿化度采出水，

建成深度处理站 2 座，设计规模为 7500m³/d，实际处理量合计 6800m³/d，处理后水质满足过热锅炉指标要求。

（3）采用微生物处理工艺处理高含盐废水，建成达标外排处理站 3 座，设计规模为 7500m³/d，实际处理量合计 6800m³/d，处理后水质满足外排水指标要求。考虑新疆油田公司外排减量和节约水处理成本等要求，风城油田加大回用、减小外排量，其达标外排装置已于 2021 年 9 月停运。

（4）稠油采出水通过化学除硅，RO 反渗透、MVC 深度除盐等措施降低锅炉给水中硅化物和盐的含量，提高锅炉给水水质，大大降低了注汽阀门的更换频率及井口泵卡频率，保障了注汽系统的平稳运行。

# 参 考 文 献

[1] 李金林. 国内外稠油采出水回用工程介绍[J]. 石油规划设计, 2006, 37(3): 80-83.

[2] 郭野愚, 孙福禄, 孙绳昆. 稠油采出水深度处理及应用[J]. 石油规划设计, 2003, 14(5): 6-9.

[3] 梁金禄, 丁彬, 罗健辉, 等. 稠油破乳技术研究进展[J]. 石油化工应用, 2010, 29(8): 1-6.

[4] 袁惠新, 俞建峰, 蔡小华. 用旋流分离器处理含油采出水的前景[J]. 炼油设计, 2000, 30(5): 48-51.

[5] 丁洪雷, 赵波, 卜魁勇, 等. 油田稠油采出水化学混凝除硅技术研究及应用[J]. 化学工程, 2017, 45(5): 11-14.

[6] 唐丽. 新疆油田百重7井区稠油采出水处理药剂的研究[J]. 石油与天然气化工, 2015, 44(5): 105-110.

[7] 刘志广. 分析化学[M]. 北京: 高等教育出版社, 2011.

[8] 郝萌萌. 采出水除油型离心萃取机及其转鼓内流场模拟[D]. 上海: 华东理工大学, 2013.

[9] 刘崇华, 王永刚, 周皓. 超稠油采出水预处理工艺与工程实践[J]. 石油化工安全环保技术, 2007, 23(4): 58-60.

[10] 张继武, 张强, 王化军. 浮选技术在含油污水处理中的应用进展[J]. 工业用水与废水, 2001, 32(6): 11-13.

[11] 颜亨兵. 气浮技术在含油采出水处理中的研究进展[J]. 中国石油石化, 2017, 9: 43-44.

[12] 孙绳昆, 乔明. 引进高效溶气浮选机的国产化及其在稠油采出水处理中的应用[C]//中国石油学会. 中国油气田地面工程技术交流大会论文集. 北京: 中国石化出版社, 2013: 174-177.

[13] CHEN A S C, FLYNN J T, COOK R J, et al. Removal of Oil, Grease, and Suspended Solids From Produced Water With Ceramic Crossflow Microfiltration [J]. SPE Production Engineering, 1991, 6(2): 131-136.

[14] LEE J M, FRANKIEWICZ T C. Treatment of Produced Water with an Ultrafiltration (UF) Membrane-A Field Trial. SPE Annual Technical Conference and Exhibition[C]. Society of Petroleum Engineers, 2005.

[15] 李颖. 稠油污水回用湿蒸汽锅炉深度处理技术研究[J]. 内江科技, 2012, 2: 95, 98.

[16] GB/T 4774—2013 过滤与分离 名词术语[S].

[17] 王兆安, 刘福余, 王曙光, 等. 曙一区超稠油采出水处理流程的改进[J]. 特种油气藏, 2001, 4(8): 89-91.

[18] 冯永训. 油田采出水处理设计手册[M]. 北京: 中国石化出版社, 2005.

[19] 杨元亮, 王辉, 宋文芳, 等. 高盐稠油污水热法脱盐资源化技术研究进展[J]. 油气田环境保护, 2016, 26(3): 4-8.

[20] 于永辉, 孙承林, 杨旭, 等. 稠油污水低温多效蒸发深度处理回用热采锅炉中试研究[J]. 水处理技术, 2010, 36(12): 98-102.

[21] 杨元亮, 王辉, 张建, 等. 高盐高硬稠油污水淡化工艺方案优选[J]. 工业水处理, 2016, 36(7): 90-93.

[22] 丁明宇, 黄健, 李永祺. 海洋微生物降解石油的研究[J]. 环境科学学报, 2001, 21(1), 84-88.

[23] 王棠昱, 黄坤, 王元春, 等. 稠油污水深度处理技术探讨[J]. 内蒙古石油化工, 2007, 1: 118-121.

[24] 张清军，罗全民，赫立军，等．河南油田稠油污水生化处理技术[J]．石油地质与工程，2009，23(1)：115-117．

[25] 李金林．国内外稠油采出水回用工程介绍[J]．工业用水与废水，2006，37(3)：80-8．

[26] 靳文礼．改性纤维球过滤器在油田污水处理中的应用[J]．科技管理，2019，16：44．

[27] 刘坤．一种新型水力旋流器的设计[J]．化工机械，2021，48(3)：431-435．

[28] 韩帅．水力旋流分离技术处理稠油采出水现场试验[J]．水处理与注水工程，2020，39(9)：44-47．

[29] 刘炳成，李洋洋，李冠林，等．新型油田污水高效深度过滤器性能研究[J]．工业水处理，2018，38(11)：85-88．

[30] L A Féris，C W Gallina，R T Rodrigues，et al．Optimizing Dissolved Air Flotation Design and Saturation[J]．Water Science and Technology，2001，43(8)：145-157．

[31] 樊玉新，魏新春，胡新玉，等．风城油田超稠油污水旋流分离技术[J]．新疆石油地质，2014，35(6)：713-717．

[32] 丁鹏元，党伟，王莉莉，等．油田采出水回注处理技术现状及展望[J]．现代化工，2019，39(3)：21-25．

[33] 穆永亮．油田含油污水处理过滤器设备进展[J]．化学工程与装备，2016，3：178-179．

[34] 曾杭成，张国亮．超滤/反渗透双膜技术深度处理印染废水[J]．环境工程学报，2008，2(8)：5．

[35] 李根．稠油热采出水超滤—反渗透除盐技术评价试验研究[D]．北京：中国石油大学(北京)，2019．

[36] 王娟，杨永强，李井峰，等．耐高温反渗透膜在化工废水处理中的应用[J]．化工环保，2010，30(2)：125-129．

[37] 苗小培，张杨．有机—无机杂化型耐污染反渗透膜的制备及性能[J]．石油化工，2021，50(7)：657-662．

[38] 武文静，郑帅，彭华，等．新疆油田高含盐稠油污水蒸发除盐试验研究[J]．油气田环境保护，2018，28(1)：4．

[39] 李强平．机械蒸汽再压缩系统在高浓度含盐废水处理中的应用研究[D]．杭州：浙江工业大学，2019．

[40] 毛彦霞．机械蒸汽再压缩技术处理含盐废水试验研究[D]．重庆：重庆交通大学，2014．

[41] 马帅．生物接触氧化工艺处理采油废水效果研究[D]．扬州：扬州大学，2012．

[42] 谢鲲鹏．化学混凝—生物接触氧化处理高浓度油田采油废水的工艺条件研究[D]．大连：辽宁师范大学，2003．

[43] 朱汉青．稠油污水软化系统废水深度处理技术研究[D]．青岛：中国石油大学(华东)，2018．

[44] 段文猛，张太亮，刘莹，等．油气田含硫废水化学混凝—臭氧氧化复合处理工艺[J]．中外能源，2009，14(11)：100-104．

[45] 姜凤银．多效蒸发油田污水脱盐系统的热力性能研究[D]．大连：大连理工大学，2013．